MANUEL

DE

GÉOMÉTRIE, DE DESSIN LINÉAIRE,

D'ARPENTAGE ET DE NIVELLEMENT,

A l'usage des Écoles élémentaires;

Par NORMAND AÎNÉ, Membre de la Société libre des beaux-arts de Paris, auteur du *Cours de Dessin industriel*, adopté par le Conseil royal de l'instruction publique;

Et A. E. REBOUT, Professeur-Adjoint à l'Ecole royale gratuite de mathématiques et de dessin en faveur des métiers relatifs aux arts.

Ouvrage composé d'un volume in-octavo de texte et d'un Atlas de 24 planches in-folio, dont une coloriée.

PARIS,

CHEZ
{
NORMAND AÎNÉ, rue Saint-Jacques, 38;
CARILIAN-GOEURY, quai des Augustins, 39 et 41;
Louis COLAS, rue Dauphine, 32;
BANCE AÎNÉ, rue Saint-Denis, 271.
}

1841.

Imprimerie de PILLET aîné, rue des Grands-Augustins, 7.

Imprimerie de PILLET aîné, rue des Grands-Augustins,-7.

AVANT-PROPOS.

Destiné à l'enseignement industriel, cet ouvrage a été disposé de manière à réunir dans un seul cadre les diverses connaissances préliminaires nécessaires à l'étude de la géométrie, du dessin linéaire, de l'arpentage et du nivellement.

Beaucoup de personnes se sont occupées de dessin linéaire ; on a beaucoup parlé de méthodes, mais quand il a fallu faire l'application de ces méthodes à l'exécution du dessin, on a reconnu leur insuffisance, pour ne pas dire leur absence totale. Devons-nous attribuer ce résultat à ce qu'il est plus facile à certaines personnes d'écrire un livre que d'exécuter un dessin ? C'est une question qu'il ne nous appartient pas de résoudre.

Les soins que nous avons apportés dans l'exécution de ce Manuel, la classification progressive des figures, leur démonstration minutieuse, tout enfin prouvera, nous l'espérons, que le mot *méthode* n'a pas été pour nous un vain mot, et qu'il ne suffit pas, dans un ouvrage de ce genre, de dire : ceci est telle chose, cela sert à tel usage, mais qu'il faut, avant tout, faire comprendre à l'élève les moyens les plus simples et les plus prompts pour dessiner correctement les objets qu'on met sous ses yeux, et les rapports qui peuvent exister entre eux, comme sont, par exemple, le plan, la coupe et l'élévation d'un monument d'architecture, d'un vase, d'un meuble, etc., etc.

Bien que beaucoup d'objets contenus dans le cours de cet ouvrage soient très-simples, nous ne nous sommes pas pour cela crus dispensés d'entrer dans des détails très-minutieux de démonstration, et si la simplicité a toujours obtenu la préférence dans le choix de nos dessins, c'est dans le but d'en faciliter l'exécution aux élèves, et d'en rendre la démonstration facile à MM. les professeurs ; certes , des dessins richement ornés frappent agréablement la vue et séduisent au premier aspect ; mais à quoi sert de mettre sous les yeux des élèves des exemples qu'ils ne sauraient copier, et d'être obligé de leur dire : « Ceci est trop fort pour vous, n'en faites que les masses » ?

La partie géométrique, qui sert d'introduction à cet ouvrage, a été divisée en deux sections. Dans la première, consacrée à la géométrie plane , indépendamment des notions préliminaires et des principales définitions de la géométrie, qui sont l'unique objet de la plupart des ouvrages sur le dessin linéaire, nous donnons la solution d'un grand nombre de problèmes d'un usage très-utile dans la pratique, et quelques résultats qui ne se trouvent dans aucun ouvrage de ce genre. Nous nous sommes surtout appliqués à ne rien omettre d'essentiel sur les propriétés des lignes et des surfaces de la géométrie élémentaire ; nous avons fait un choix des objets les plus capables de piquer la curiosité des élèves et d'exciter leur attention. Enfin, nous avons terminé cette section par l'exposition et l'application des formules servant à obtenir numériquement les mesures des principales figures géométriques.

Dans la deuxième section , qui traite de la géométrie des trois dimensions , après les principales définitions et l'exposé de la méthode des projections , nous montrons de quelle manière on parvient , par son usage, à trouver les intersections des principaux corps de la géométrie élémentaire avec un plan donné ; à obtenir le développement de celles de leurs surfaces qui sont engendrées par une ligne droite ; à mener des tangentes aux intersections, etc., etc. ; enfin, après avoir indiqué d'une manière générale la méthode pour déterminer la section du cône par un plan, nous montrons comment cette section varie et change de nature avec la direction du plan sécant ; c'est ainsi que nous sommes amenés à traiter des diverses propriétés des courbes et à donner une méthode remarquable , au moyen de laquelle on parvient à décrire ces différentes sections ; cette mé-

thode, qui n'a été donnée dans aucun traité élémentaire,
est très-propre à faire sentir aux élèves l'analogie qui existe
entre ces courbes, et leurs différences essentielles ; on trouvera de même plusieurs autres méthodes pour cette description, et la solution des principales difficultés que leur
emploi peut présenter ; nous exposons ensuite le procédé
à employer pour obtenir les projections des cinq polyèdres
réguliers, ainsi que leurs développemens, et nous terminons
cette partie par les formules nécessaires pour évaluer les
surfaces et les volumes des corps que nous avons considérés
dans le cours de cet ouvrage.

On voit, par cet exposé, que le plan que nous avons
suivi est complètement différent de celui adopté par la plupart des auteurs qui ont écrit sur le dessin linéaire ; nous
nous sommes fait un devoir de ne présenter que des choses
utiles, et de réunir, dans un petit espace, les principes et
les résultats qu'il est indispensable de connaître pour avoir
une idée nette de l'utilité de la géométrie, et des secours
que l'on doit espérer de son étude : nous avons fait en sorte
de les exposer d'une manière simple, dégagée de tout calcul, et de les ranger dans l'ordre le plus convenable pour
leur complète intelligence.

A la géométrie succède une suite très-variée, dit dessin
linéaire, d'objets de toute nature dessinés à l'aide de la règle
et du compas, afin de mettre l'élève à portée d'utiliser ses
connaissances en géométrie. Les démonstrations méthodi-
ques dont nous accompagnons nos figures sont tellement
précises, que, sans autre secours, il pourrait les dessiner
exactement, et même faire exécuter les objets qu'elles re-
présentent dans leur exacte proportion.

Dans la perspective, nous donnons les procédés généraux dont la connaissance est nécessaire à celui qui veut
mettre un objet quelconque en perspective.

Après la perspective vient une suite de dessins d'ornement, à la construction desquels sont appelés les procédés
géométriques démontrés et mis en usage dans le cours
de cet ouvrage. Enfin l'arpentage contient les principales

iv

méthodes en usage pour le levé des plans topographiques, et pour la détermination exacte des divers accidens que peut présenter le terrain sur lequel on opère.

Cette section de l'ouvrage est complétée par un cours abrégé du lavis des plans, résumant les connaissances indispensables pour les colorier, suivant les règles adoptées pour les teintes conventionnelles.

Ce cours de dessin à la règle et au compas est plus utile qu'on ne pourrait le croire, peut-être ; il a, nous le pensons, l'inappréciable avantage de familiariser l'élève avec les formes de toutes sortes d'objets, de lui rendre le tracé facile, de donner à sa main de la précision, d'accoutumer son œil à juger des distances, enfin de le mettre promptement en état de dessiner sur le papier ce qu'il voit. Sans doute que si l'élève devait copier jusqu'à satiété tous les exemples contenus dans ce Manuel, et ne passer au suivant qu'après être parvenu à dessiner exactement celui qui précède, il éprouverait du dégoût et manquerait son but ; nous croyons donc que le maître fera bien de ne pas exiger trop d'abord : quand l'élève aura bien compris une figure, qu'il se sera familiarisé avec le procédé démontré, il passera à un autre ; puis, peu à peu, la facilité s'acquerra, et tel objet qu'il avait dessiné péniblement une première fois, lui paraîtra quelque tems après d'une exécution plus facile.

EXPLICATION

DES PRINCIPAUX SIGNES EMPLOYÉS DANS CE TRAITÉ.

Les lignes, les surfaces et les volumes que la géométrie considère étant, ainsi que les nombres, des grandeurs susceptibles d'augmentation et de diminution, il est très-important de connaître les différens signes au moyen desquels on parvient à indiquer les principales opérations à effectuer sur les quantités.

Pour indiquer la réunion de 2 ou de plusieurs quantités, on se sert du signe $+$ que l'on appelle *plus*; $2 + 3 + 7$ signifie 2 plus 3 plus 7.

Pour indiquer que l'on veut retrancher une quantité d'une ou de plusieurs autres quantités, on se sert du signe $-$ que l'on lit *moins*; $4 + 3 - 7$ signifie 4 plus 3 moins 7.

Pour indiquer qu'une quantité doit être répétée autant de fois que l'indique une autre quantité, on écrit $\times$; ainsi, 36 multiplié par 15 s'écrit de cette manière : 36×15.

Pour diviser une grandeur par une autre grandeur, on se sert du signe : que l'on place entre elles, ou de la barre $-$ au dessus de laquelle on écrit la quantité à diviser, et, au dessous, celle par laquelle on divise; $36 : 12$ et $\frac{36}{12}$ signifient également 36 divisé par 12.

Lorsque l'on a plusieurs quantités à comparer, on se sert des signes $=$, $<$ et $>$. Le premier indique l'égalité de ces quantités; ainsi, $3 + 4 = 2 + 5$ se lit : 3 plus 4 égalent 2 plus 5.

Les signes $<$ et $>$ indiquent l'inégalité des quantités que l'on considère; la plus grande doit toujours être placée en face de l'ouverture de l'angle, et la plus petite vers le sommet; ainsi, $5 < 7$ signifie que 5 est plus petit que 7; au contraire, $9 > 5$ signifie que 9 est plus grand que 5.

Lorsque l'on a plusieurs quantités à multiplier entre elles, le produit est une *puissance* de l'une de ces quantités, dont le degré est marqué par le nombre des facteurs : 5×5 est la 2ᵉ puissance, ou le quarré de 5, et s'écrit 5^2 ; ainsi $5 \times 5 = 5^2$, $11 \times 11 = 11^2$; de même $5 \times 5 \times 5$ est la 3ᵉ puissance, ou le cube de 5, et s'écrit 5^3 ;

$$\text{ainsi} \quad 5 \times 5 \times 5 = 5^3 ; \qquad 11 \times 11 \times 11 = 11^3 ;$$
$$5 \times 5 \times 5 \times 5 = 5^4 ; \quad 11 \times 11 \times 11 \times 11 = 11^4 ;$$

Réciproquement, si on décompose un nombre donné en plusieurs facteurs égaux entre eux, chacun de ces facteurs est une *racine* du nombre, dont le degré est marqué par le nombre de ces facteurs. Pour indiquer que 25 doit être décomposé en 2 facteurs égaux, on écrit $\sqrt[2]{25} = 5$. Le chiffre 2, placé entre les branches du signe $\sqrt{}$, qu'on appelle *radical*, indique le degré de la racine.

$\sqrt[2]{121} = 11$ montre que 11 est la racine 2ᵉ, ou la racine quarrée de 121.

De même $\sqrt[3]{125}$ indique que 125 doit être décomposé en 3 facteurs égaux ; la valeur 5 de chacun de ces facteurs est la racine 3ᵉ, ou la racine cubique de 125.

$$\sqrt[3]{1331} = 11 ; \quad \sqrt[4]{625} = 5 ; \quad \sqrt[4]{14641} = 11 ; \text{ etc.}$$

Pour la racine 2ᵉ, on se dispense ordinairement d'en indiquer le degré, $\sqrt[2]{25}$ et $\sqrt{25}$ expriment également la racine quarrée de 25.

Nota. Les élèves qui voudront se borner d'abord aux notions les plus élémentaires de la géométrie pratique, pourront passer sans inconvénient, à la première lecture de ce qui va suivre, tout ce qui est écrit en petit caractère ; mais, à la fin, ils feront bien de revenir sur leurs pas, et de revoir le tout avec attention dans une seconde lecture.

ÉLÉMENS

DE

DESSIN LINÉAIRE.

PARTIE GÉOMÉTRIQUE.

Le dessin linéaire a pour but la représentation de la forme des différens objets que la nature nous présente, ainsi que la détermination des grandeurs relatives de leurs diverses parties au moyen de procédés que la géométrie enseigne.

Tous les corps qui nous environnent se présentent toujours à nous, ainsi que l'espace qu'ils occupent, sous les trois dimensions : *longueur*, *largeur*, *épaisseur* ou *profondeur*.

On peut bien, à volonté, diminuer une ou plusieurs de ces dimensions; cette diminution peut même aller au delà de tous les termes que notre imagination peut concevoir ; mais, malgré cela, un corps ne saurait être privé totalement de l'une quelconque de ces trois dimensions sans cesser d'exister, et ce n'est que par abstraction que l'on parvient à les séparer et à les considérer isolément.

Nous ne parvenons à bien connaître la forme et la grandeur de toutes les parties des corps que par l'examen attentif de leurs limites. Ces limites, étendues en longueur et en largeur, sans aucune épaisseur, sont des *surfaces*.

Lorsqu'un corps n'est pas circonscrit par une surface unique et continue, chacune de celles qui le terminent a aussi, dans le lieu où elle se joint à une autre surface, ses limites étendues en longueur seulement, et que l'on appelle *lignes*.

Enfin, ces dernières ont elles-mêmes, aux lieux où elles se terminent, leurs limites qu'on nomme *points*. Ainsi, le point n'a ni longueur, ni largeur, ni épaisseur.

Ces différentes espèces de limites, il est vrai, ne sauraient être isolées des corps sur lesquels on les considère; mais, néanmoins, leur existence ne saurait être contestée, et il est évident, d'après cela, que l'on ne saurait élever aucun doute sur la vérité des propositions qui s'y rapportent.

On peut encore se faire une idée nette de la ligne, indépendamment des notions précédentes, en la considérant comme la trace du chemin parcouru par un point qui se transporte d'un lieu A à un autre lieu B, fig. 1, 2 et 3. On comprend parfaitement par là que le nombre de directions que le point peut prendre étant infini, il doit en être de même du nombre de lignes qu'il doit décrire dans son mouvement.

La plus courte de toutes les lignes passant par ces deux points est la *ligne droite* AB, *fig.* 1, et l'on conçoit facilement qu'il ne peut y en avoir qu'une seule.

Une ligne telle que ACDB, *fig.* 2, composée de plusieurs droites AC, CD, DB, se nomme *ligne brisée*; le nombre de ces lignes est infini.

Toute ligne ACIDB, *fig.* 3, qui n'est ni droite, ni composée de lignes droites, est une *ligne courbe*; le nombre des lignes courbes est aussi infini.

Il est souvent important de distinguer l'un de l'autre les deux côtés d'une courbe : on y parvient en désignant par le nom de *concavité* celui où la courbe semble revenir sur elle-même, et par celui de *convexité* le côté opposé; ainsi dans la courbe de la fig. 3, la première ACI des deux parties qui la composent a sa concavité tournée vers le bas du papier, tandis que la deuxième IDB lui présente sa convexité.

Le point I, où la courbe change ainsi de direction, se nomme *point d'inflexion*.

Il y a de même un nombre infini de surfaces différentes; la plus simple de toutes, que l'on appelle *plan*, est celle sur laquelle on peut appliquer une ligne droite dans toutes les directions.

PREMIÈRE SECTION.

GEOMÉTRIE PLANE.

DE LA LIGNE DROITE ET DE LA CIRCONFÉRENCE DU CERCLE.

Nous ne nous occuperons, dans cette première section, que de la *ligne droite*, *fig.* 1, qui est, ainsi que nous le savons déjà, le plus court chemin pour aller d'un point A à un autre point B, et de la *circonférence du cer le* ABEID, *fig.* 4, dont tous les points A, B, E..., situés dans un même plan, sont à égale distance d'un point intérieur C, que l'on appelle *centre*.

L'espace renfermé par la circonférence se nomme *cercle*.

La droite C I, menée du centre C à un point I de la circonférence, et qui mesure la distance de ces deux points, se nomme *rayon*.

Toute droite telle que A B qui joint deux points quelconque A et B, pris sur la circonférence se nomme *corde*, la partie A G B de la circonférence comprise entre ces points se nomme *arc*, on peut dire également que la corde A B *soutend* l'arc A G B, ou que cet arc A G B est *soutendu* par la corde A B.

La partie G H du rayon qui passe par le milieu de cette corde, et qui est comprise entre l'arc et la corde, se nomme *flèche*.

Une corde telle que D E, qui passe par le centre C, se nomme *diamètre*. Le diamètre est égal à la somme des deux rayons D C, C E; il est la plus grande de toutes les cordes et divise la circonférence en deux parties égales.

Toute droite telle que L F qui, menée d'un point L pris hors de la circonférence la rencontre en deux points, se nomme *sécante*; si, maintenant, on suppose que cette sécante tourne autour du point L en s'éloignant constamment du centre C, les deux points de section F et K se rapprocheront l'un de l'autre, et enfin il arrivera un moment où ces deux points finiront par coïncider, c'est dans cette dernière position LI que cette ligne prend le nom de *tangente*.

Ainsi on appelle tangente une ligne telle que LI qui n'a que le point I commun avec la courbe. Le point I prend dans ce cas un nom particulier, et se nomme *point de contact*.

PROBLÈME 1er.

Deux droites quelconques A B, CD, fig. 5, étant données, trouver leur commune mesure, ou, en d'autres termes, trouver la plus grande ligne qui puisse être contenue exactement dans l'une et dans l'autre.

Solution. Soit C D la plus petite des deux droites proposées, on la portera sur la ligne A B autant de fois qu'elle pourra y être contenue; on verra de cette manière que la ligne A B la contient deux fois avec le reste F B.

$$\text{Ainsi A B} = 2\,\text{C D} + \text{F B.}$$

On portera maintenant ce reste F B sur la ligne C D, il s'y trouvera deux fois avec le nouveau reste H D.

$$\text{C D} = 2\,\text{F B} + \text{H D.}$$

On portera encore ce reste H D sur le précédent reste F B, il s'y trouvera contenu 3 fois avec le reste I B.

Par conséquent $\text{F B} = 3\,\text{H D} + \text{I B.}$

Portant ensuite ce dernier reste sur celui H D, que l'on vient d'obtenir, il s'y rencontrera 2 fois exactement, ainsi

$$\text{il viendra H D} = 2\,\text{I B.}$$

Le reste I B, qui se trouve ainsi contenu exactement dans le précédent, est la plus grande commune mesure cherchée.

Il nous sera facile, au moyen des égalités précédentes, de trouver le rapport des deux droites proposées, A B et C D. En effet, la ligne H D est égale à 2 fois I B. Le reste F B, contenant 3 fois cette ligne H D, plus le reste I B, sera égale à 3 fois 2 I B + I B, ou à 7 I B. Mettant les valeurs de F B et de H D, que nous venons d'obtenir dans celle de C D, on aura C D = 2 fois 7 I B + 2 I B; ainsi C D = 16 I B, substituant ces valeurs dans A B, on aura A B = 2 fois 16 I B + 7 I B = 39 I B.

5

Ainsi la première A B des deux droites proposées contient 39 fois la commune mesure IB, et la deuxième CD la contient 16 fois : ces deux lignes sont par conséquent entre elles comme 39 est à 16.

————————

Lorsque deux droites BC, CF se rencontrent, *fig.* 6, l'espace indéfini qu'elles renferment se nomme *angle*, les lignes qui le déterminent se nomment *côtés*, et enfin le point où elles se rencontrent se nomme *sommet*.

Ainsi le point C est le sommet de l'angle FCB, formé par les côtés FC, CB.

L'angle ACG, formé par les prolongemens des côtés du premier, est dit *opposé par le sommet au premier.*

Si la deuxième ligne ne penche pas plus du côté de la première CB que vers son prolongement CA, on dit qu'elle est *perpendiculaire* à AB.

Ainsi la droite CD, qui satisfait à cette condition, est une perpendiculaire à la droite AB. Il ne faut pas confondre cette ligne avec la *verticale* qui indique toujours la direction du fil à plomb.

La perpendiculaire à la verticale se nomme *horizontale.*

Les angles ACD, DCB, formés de chaque côté de cette perpendiculaire, se nomment *droits.*

Les angles droits sont égaux entre eux.

Un angle tel que FCB, plus petit qu'un droit, se nomme *angle aigu.*

On appelle *angle obtus* tout angle tel que ACF, plus grand qu'un angle droit.

Le *complément* d'un angle est ce qu'il faut lui ajouter pour compléter un angle droit : DCF est le complément de FCB.

La somme de tous les angles ACD, DCF, FCB, formés d'un même côté de la ligne AB, est évidemment égale à celle de deux angles droits ACD, DCB.

On appelle *supplément* d'un angle ce qu'il faut lui ajouter pour former deux angles droits.

Les deux angles FCB, ACG, opposés par le sommet ayant le même supplément ACF, *sont nécessairement égaux entre eux.*

Les deux angles ACE, ECB, opposés par le sommet aux angles droits DCB, ACD, seront de même droits et égaux entre eux, le prolongement CE de la droite CD sera par conséquent aussi perpendiculaire sur la droite AB.

De plus, il est évident que la somme de tous les angles ACD, DCF, FCB, BCE, ECG, GCA, que l'on peut former autour d'un même point C, est toujours égale à celle des quatre angles droits ACD, DCB, BCE, ECA, et cela a toujours lieu, quel que soit le nombre de ces angles et la grandeur de chacun d'eux.

On doit comprendre maintenant que la grandeur d'un angle ne dépend pas de la longueur de ses côtés, mais seulement de leur inclinaison ; ainsi les angles GCE, dCf, formés par des côtés inégaux, n'en sont pas moins égaux d'après ce que nous venons de démontrer.

Si du sommet C, comme centre, et avec un rayon arbitraire, on décrit une circonférence de cercle, *le rapport des angles quelconques F C B, D C B, sera le même que celui des arcs F B, D F B, compris entre leurs côtés*. Ainsi, si l'on suppose cette circonférence divisée en parties égales, les nombres de divisions comprises entre les côtés de l'un et de l'autre seront entre eux comme les espaces qu'ils renferment, et pourront par conséquent leur servir de mesure ; c'est ce que l'on exprime en disant qu'*un angle a pour mesure l'arc compris entre ses côtés, et décrit de son sommet comme centre.*

Deux sortes de divisions sont maintenant en usage pour cette évaluation : la première est la *division sexagésimale*, et la deuxième la *division centésimale*.

La division sexagésimale suppose la circonférence divisée en 360 parties égales appelées *degrés;* chaque degré se divise en 60 parties appelées *minutes*, chaque minute en 60 parties appelées *secondes*. Le degré se désigne par le signe °, la minute par ', la seconde par " ; ainsi, arc de 33° 6' 11", exprime un arc de 33 degrés 6 minutes 11 secondes.

La division centésimale partage la circonférence en 4 parties égales appelées *quadrants;* chacun d'eux se divise à son tour en 100 parties égales appelées *grades*. Les subdivisions de ces nouvelles unités sont conformes au système décimal.

PROBLÈME 2.

Supposons l'angle F C B, fig. 4, exprimé au moyen de la division sexagésimale, et égal à 62°, et proposons-nous de trouver sa valeur en degrés centésimaux ou en grades, ainsi que son rapport avec l'angle droit.

Solution. La circonférence étant divisée dans le premier système en 360 parties égales ou degrés, un quart quelconque D F B en contiendra 90, tandis que le même quart contiendra 100 parties de la deuxième division, ou 100 grades; ainsi la quatre-vingt-dixième partie de 90 degrés, ou 1 degré, sera égale à la quatre-vingt-dixième partie de 100 grades ou $\frac{10}{9}$ de grades. Donc, puisque l'arc F B contient 62 degrés sexagésimaux, il sera égal à 62 fois $\frac{10}{9}$ de grades, ou 68 grades 888g.

Comparant maintenant ce même arc de 62° au $\frac{1}{4}$ D F B de la circonférence, l'arc de 1° étant la quatre-vingt-dixième partie de l'arc D F B, les 62° seront 62 fois plus grands, ils seront par conséquent égaux aux $\frac{62}{90}$ ou aux $\frac{31}{45}$ de cet arc DFB.

Ainsi l'angle proposé F C B, exprimé en parties décimales du quart de cercle est égal à 68 grades 888g.

Le même angle est aussi égal aux $\frac{31}{45}$ d'un angle droit.

PROBLÈME 3.

Elever une perpendiculaire, C D, fig. 7, sur le milieu d'une droite donnée A B.

Solution. Si de chacun des points A et B comme centre, et avec une ouverture de compas arbitraire, mais plus grande que la moitié de A B, on décrit un arc de cercle indéfini, ces arcs se couperont en deux points C et D; ces points, étant joints par une droite, détermineront la ligne C D, qui sera la perpendiculaire demandée.

PROBLÈME 4.

Par un point donné D, fig. 8, sur une droite A B, élever une perpendiculaire sur cette droite.

Solution. A partir du point donné D et de chaque côté, on portera les distances égales D A, D B; puis, de chacun des points A et B ainsi déterminés, et avec un rayon plus grand que la moitié de la distance qui les sépare, on décrira les petits arcs Ce et Cf qui se couperont en un point

C, lequel, étant joint au point D par une droite, déterminera la perpendiculaire C D demandée.

Il est important de remarquer que tous les points C E...
de la perpendiculaire sont à égale distance des points A et
B, situés à égale distance de son pied D.

PROBLÈME 5.

Par un point C, fig. 9, *donné hors d'une droite A B,
abaisser une perpendiculaire sur cette droite.*

Solution. Du point C comme centre, et avec un rayon
plus grand que la plus courte distance de ce point à la
droite donnée, on décrira un arc de cercle qui coupera
cette ligne aux deux points A et B; puis, de ces deux points
pour centre on décrira deux petits arcs de cercle qui se
rencontreront en E. La droite C E, qui passera par les
points C et E, sera la perpendiculaire demandée.

PROBLÈME 6.

Elever une perpendiculaire B D, fig. 10, *à l'extrémité B
de la droite A B, sans la prolonger.*

Solution. Du point B comme centre, et avec un rayon
quelconque B A, on décrira un arc de cercle A C; puis,
du point A, déterminé par cet arc, et avec le même rayon,
on décrira un second arc de cercle B C qui rencontrera le
premier en un point C; on joindra les deux points A et C
par une droite sur laquelle on portera, à partir du dernier
point, la distance C D égale à A C. Le point D ainsi déterminé étant joint avec le point donné B, déterminera la
perpendiculaire B D demandée.

PROBLÈME 7.

Construire au point C, fig. 11, *de la droite donnée a c, un
angle a c b égal à l'angle donné A C B.*

Solution. Du sommet C de l'angle donné A C B comme
centre, et avec un rayon à volonté, on décrira l'arc A B;
ensuite, du point c donné sur la ligne a c, et avec le même
rayon, on décrira un arc indéfini sur lequel on portera, à

partir du point a , une distance a b égale à celle A B comprise entre les côtés de l'angle A C B , la droite b c qui joindra le point b , déterminé de cette manière , avec le point c fera, avec la ligne donnée a c un angle a c b égal à l'angle proposé A C B.

PROBLÈME 8.

Diviser l'angle donné A C B, fig. 12 , *en deux parties égales.* .

Solution. Du sommet C comme centre, et avec un rayon à volonté, on décrira un arc de cercle qui viendra déterminer sur les côtés les points A et B; de ces points comme centres, et avec un rayon arbitraire, on décrira deux petits arcs qui se rencontreront en D; la droite menée de ce point au point C , divisant l'arc A B en deux parties égales, divisera l'angle A C B de la même manière.

PROBLÈME 9.

· *Aller du point donné A*, fig. 13, *au point donné B par le plus court chemin*, *en passant par un point F de la droite donnée C D.*

Solution. Pour cela on abaissera du point A sur la ligne donnée C D, la perpendiculaire A G , que l'on prolongera au dessous d'une quantité G E, égale à A G ; la droite B E , menée par les points B et E , déterminera , par sa rencontre avec C D , le point F qui satisfait à la question. Ainsi la somme des droites F A , F B , menées de ce point aux points donnés A et B , sera plus petite que celle des droites menées d'un autre point de cette ligne C D aux mêmes points A et B.

Deux droites A B , C D, *fig. 14*, qui, tracées dans un même plan, ne se rencontrent pas , sont partout à égale distance , et se nomment *parallèles.*

Toute droite N M qui coupe les deux parallèles se nomme *sécante.*

Les angles situés l'un en dedans et l'autre en dehors de la parallèle , et du même côté de la sécante , se nomment *angles correspondans.*

Les angles formés par cette ligne au dedans des parallèles se nomment *angles internes*, et ceux situés en dehors *angles externes*.

On appelle *alternes* les angles situés de différens côtés de la sécante, afin de les distinguer de ceux situés *du même côté*.

Maintenant on comprendra facilement les propriétés suivantes :

Les *angles correspondans* M E L, I F K sont égaux.

Les *angles alternes internes* G E H, I F K sont égaux.

Les *angles alternes externes* M E L, C F N sont égaux.

Les angles G E H, I F C *internes du même côté*, sont supplémens l'un de l'autre.

Les angles M E L, N F K *externes du même côté*, sont supplémens l'un de l'autre.

Lorsque l'une quelconque de ces propriétés a lieu pour deux droites A B, C D, coupées par une troisième, ces deux lignes sont parallèles.

PROBLÈME 10.

Par un point F donné hors d'une droite A B, fig. 14, mener une parallèle à cette ligne.

Solution. Par ce point on mènera la droite quelconque N M qui rencontrera A B en E; puis de ce point comme centre, et avec un rayon quelconque, on décrira l'arc de cercle M L. Du point F et avec le même rayon, on en décrira un second sur lequel on portera de I en K la grandeur M L du premier, la droite C D, passant par les deux points F et K, sera la parallèle demandée.

Il suit de ce que nous avons vu que l'on aurait pu employer l'angle G E H au lieu de l'angle M E L pour la détermination de la parallèle C D.

PROBLÈME 11.

Par un point P donné, fig. 15, hors des parallèles A B, C D, mener la sécante P F de manière que la partie E F qu'elles comprennent soit égale à une droite donnée M N.

D'un point A pris sur la parallèle A B, et avec un rayon égal à la ligne donnée M N, on décrira un petit arc de cercle qui ira rencontrer la droite C D en un point G ; ce point étant joint avec le point A déterminera la droite A G égale à M N, à laquelle, et par le point P, on mènera la parallèle P F, qui sera la sécante demandée.

On ne peut entièrement circonscrire un espace par un nombre de droites moindre que trois. Cet espace se nomme *triangle*; les lignes qui le déterminent se nomment *côtés*, et forment, en se coupant deux à deux, trois *angles* dont la somme est constamment égale à deux angles droits.

Il suit de là qu'un triangle ne saurait avoir plus d'un angle droit; à plus forte raison ne peut-il avoir qu'un seul angle obtus.

Le triangle A B C, *fig.* 16, dans lequel les trois angles ABC, BAC, ACB, sont aigus, se nomme triangle *acutangle*.

Le triangle A B C, *fig.* 17, dans lequel l'angle A C B est obtus, se nomme triangle *obtusangle*.

Et, enfin, on appelle triangle *rectangle* celui dans lequel un des angles A B C, *fig.* 18, est droit. Le côté A C, opposé à l'angle droit B, se nomme *hypoténuse*.

Les deux premières espèces de triangles se désignent généralement sous le nom de triangles *obliquangles*.

Lorsque les trois côtés A B, A C, B C, d'un triangle *fig.* 20, sont égaux entre eux, le triangle se nomme *équilatéral*; si deux de ses côtés seulement sont égaux comme AB, AC, *fig.* 19, le triangle s'appelle *isocèle*; et, enfin, on appelle triangle *scalène* celui dans lequel les trois côtés sont inégaux : les triangles *fig.* 16, 17, 18, sont des triangles scalènes.

La droite B C, sur laquelle repose l'un quelconque des triangles ci dessus se nomme *base*, l'angle opposé A s'appelle *sommet*, et, enfin, on donne le nom de *hauteur* à la perpendiculaire abaissée du sommet A sur la base B C, *fig.* 16, ou sur son prolongement, *fig.* 17.

Six choses servent, comme on le voit, à déterminer la nature d'un triangle, savoir les trois angles et les trois côtés; mais ces six quantités ne sont pas indépendantes l'une de l'autre, et ne peuvent pas toutes être prises à volonté, car un triangle est entièrement connu et peut être construit sitôt qu'on connaît trois quelconques d'entre elles, pourvu qu'il y entre au moins un des côtés.

PROBLÈME 12.

Construire un triangle en employant à cette détermination un de ses angles a b c, fig. 21, et les deux côtés D E, F G, qui le comprennent.

Solution. On mènera une droite indéfinie sur laquelle on portera la distance B C égale à l'un des côtés donnés D E ; puis on fera, à l'extrémité B de cette ligne, l'angle A B C égal à l'angle donné a b c ; on portera ensuite, à partir du point B, la distance B A égale au second côté F G ; la droite A C, menée par les deux points A et C ainsi déterminés, achèvera complètement le triangle demandé.

PROBLÈME 13.

Construire un triangle en employant à cette détermination un de ses côtés D E, fig. 22, et les deux angles adjacens a b c, d e f.

Solution. Pour cela on mènera la droite B C, que l'on fera égale en longueur au côté donné D E ; puis, à chacune des extrémités B et C de cette ligne, on construira les angles A B C, A C B respectivement égaux aux angles donnés a b c, d e f ; l'intersection des côtés B A, C A, ainsi obtenue, déterminera complètement l'angle B A C, ainsi que la grandeur des côtés A B et A C du triangle demandé.

PROBLÈME 14.

Les trois côtés D E, E F et G H, fig. 23, d'un triangle étant donnés, construire le triangle.

Solution. On mènera la droite B C, que l'on fera égale en longueur à l'un des côtés donnés D E ; puis, de l'extrémité B comme centre, et avec un rayon égal au second côté, on décrira un arc indéfini, de l'autre extrémité C, et, avec la troisième distance G H comme rayon, on décrira un second arc de cercle qui ira rencontrer le premier en un point A par lequel, et les points B et C, on fera passer les deux droites A B et A C, qui détermineront le triangle demandé.

Toute figure de quatre côtés se nomme en général *quadrilatère*.

Celui dans lequel deux des côtés sont parallèles, se nomme *trapèze*, fig. 24.

Enfin, celui dans lequel les côtés sont parallèles deux à deux, se nomme *parallélogramme*; si les côtés sont perpendiculaires entre eux, le parallélogramme prend le nom de *rectangle*.

PROBLÈME 15.

Les quatre côtés F G, H I, K L, M N, fig. 24, d'un trapèze étant donnés, on demande de construire le trapèze.

Solution. On mènera une droite D C, que l'on fera égale au côté donné F G; puis on portera sur cette ligne, à partir du point C, une distance C E égale au deuxième côté H I, et du point D comme centre, avec un rayon égal au troisième côté K L, on décrira un petit arc de cercle qui viendra rencontrer en A un second arc décrit du point E, avec un rayon égal au quatrième côté M N; par ce point A ainsi déterminé, on mènera A B parallèle et égale à E C, la droite B C qui passera par les deux points B et C, terminera le trapèze demandé.

PROBLÈME 16.

La somme G H, fig. 25, des trois côtés d'un triangle étant donnée, ainsi que deux des angles a b c, d e f, décrire le triangle.

Solution. Soit la droite E F égale à la somme G H des trois côtés donnés, sur cette ligne, et à chacune de ses extrémités, on fera les angles D E F, D F E respectivement égaux aux angles donnés a b c, d e f. On divisera ensuite chacun de ses angles en deux parties égales par les droites A E, A F, qui se couperont en un point A, par lequel on mènera les droites A B, A C parallèlement aux côtés D E et D F, ces lignes formeront, par leur rencontre avec E F, un triangle A B C, qui sera le triangle demandé.

Si deux droites L N, L M, *fig.* 26, qui se coupent, sont rencontrées par un nombre quelconque de parallèles, O P, Q R, S T, M N, elles sont divisées par ces lignes en parties

proportionnelles , c'est-à-dire que l'on aura toujours
LO : LP :: OQ : PR :: QS : RT :: etc.

PROBLÈME 17.

*Diviser une droite donnée A B, fig. 26, en parties propor-
tionnelles à des lignes données CD, EF, GH, IK.*

Solution. Soit menées les deux droites L M, L N, formant
entre elles un angle quelconque NLM , on portera sur la
première de ces lignes, à partir de leur point de rencontre,
la distance L M égale à la ligne donnée A B ; on portera
ensuite sur la deuxième , et à la suite les unes des autres
les distances LP, PR, RT, TN, respectivement égales
aux lignes données CD, EF, GH, IK, puis on joindra les
points M et N par la droite MN, à laquelle on mènera, par
les points P, R, T, les parallèles PO, RQ, TS, qui diviseront les lignes données LM en parties proportionnelles.

PROBLÈME 18.

*Trouver une quatrième proportionnelle aux trois droites
données AB, CD, EF, fig. 27.*

Solution. On mènera deux droites indéfinies comprenant
entre elles un angle quelconque; on prendra sur la première
une distance GH égale à la première ligne A.B, et sur la
deuxième, une distance G I égale à la deuxième ligne donnée C D; puis on viendra de nouveau porter sur la première
la distance G K, égale à la troisième ligne donnée EF; on
joindra les deux points I et H par une droite à laquelle on
mènera, par le point K, la parallèle KL, qui viendra
déterminer sur GI la quatrième proportionnelle demandée G L, ou le quatrième terme de cette proportion
AB : CD :: EF : G L.

PROBLÈME 19.

*Trouver une moyenne proportionnelle entre les deux droites
données A B et CD, fig. 28.*

Solution. On portera sur une droite menée à volonté une
distance F G égale à la première ligne donnée A B ; puis
on portera sur la ligne F G, ou sur son prolongement , les

distances F L ou F E respectivement égales à la deuxième ligne donnée, ce qui donnera lieu à trois constructions différentes.

Première construction. Si la ligne C D a été portée de F en L, on décrira sur L G, comme diamètre, le demi-cercle L K G, auquel, par le point F, on mènera la tangente F K; la distance F K comprise entre le point F et le point K de la perpendiculaire abaissée du centre O sur cette tangente, sera la moyenne proportionnelle demandée.

Deuxième construction. On décrira sur F G, comme diamètre, la demi-circonférence F I G qui viendra rencontrer en I la perpendiculaire I L menée sur la ligne F G; la corde F I, qui joindra les deux points F et I, sera la moyenne proportionnelle demandée.

Troisième construction. Si la ligne C D a été portée de F en E sur le prolongement de F G, on décrira sur E G, comme diamètre, la demi-circonférence E H G; puis, par le point F, on mènera sur ce diamètre la perpendiculaire F H, qui sera la moyenne proportionnelle demandée.

Les trois moyennes proportionnelles que nous venons d'obtenir étant égales, si du point F, qui leur est commun, on décrit un arc de cercle passant par l'extrémité H de l'une d'elles, il passera aussi par les extrémités I et K des deux autres.

Et on aura toujours A B : F K : : F K : C D.
$$A B : F I : : F I : C D.$$
$$A B : F H : : F H : C D.$$

PROBLÈME 20.

Diviser une droite donnée A B, fig. 29, en moyenne et extrême raison, c'est-à-dire en deux parties A C, C B, telle que la plus grande soit moyenne proportionnelle entre la ligne entière et la plus petite.

Solution. On élèvera à l'extrémité A de la droite A B la perpendiculaire A E, que l'on fera égale à la moitié de A B; du point E comme centre, et avec cette ligne A E comme rayon, on décrira un arc de cercle indéfini qui ira rencontrer en D la ligne B E, menée par les deux points B et E. On portera ensuite la distance B D de B en C sur la droite donnée A B ; le point C , ainsi déterminé , divisera cette droite de la manière demandée.

Ainsi on aura A C : C B : : C B : A B.

PROBLÈME 21.

Par un point D, fig. 3o, donné dans l'intérieur d'un angle A C B, mener la droite A B de manière que les deux parties A D et D B, comprises entre ce point et les deux côtés de l'angle soient égales.

Solution. Par le point donné D, on mènera la droite DE parallèle au côté B C; puis on portera la distance EC de E en A ; la droite A B, menée par les deux points A et D, sera divisée par ce dernier point en deux parties égales.

————

Si on suppose les droites données C D, E F, G H, I K, de la *fig.* 26, de même longueur, les parties L O, O Q, Q S, S M de la ligne L M, déterminées de la manière indiquée, seront aussi égales entre elles ; et le problème 17 donne dans ce cas le moyen de diviser une droite donnée A B en un nombre quelconque de parties égales.

De la construction des échelles.

Le problème 17 ainsi modifié donne, comme on le voit, un procédé simple pour la division des *échelles*, c'est-à-dire, pour la division en parties égales des droites au moyen desquelles on détermine la valeur numérique des autres.

Ainsi, supposons que la première droite A B, *fig.* 31, représente une longueur égale à dix fois l'unité principale, ou dix mètres par exemple, la dixième partie A C de cette ligne, représentera la longueur de l'unité ou le mètre, la dixième partie de cette ligne A C celle du décimètre, etc. Mais on conçoit que l'on ne saurait continuer ces subdivisions indéfiniment, et que l'on sera enfin obligé de s'arrêter lorsque la dernière de ces parties sera trop petite pour pouvoir être divisée de nouveau par ce procédé en parties bien distinctes. C'est afin de dépasser ce terme que l'on a imaginé la division par les *transversales*, au moyen de laquelle on a construit la deuxième échelle de la fig. 31, et dont voici la description.

Supposons cette deuxième échelle A B construite de la même manière que celle ci-dessus, pour diviser l'une des distances A 1, 12, 23, 34...., en dix parties égales ou en centimètres, on mènera parallèlement à A B dix droites à égales distances les unes des autres, que l'on arrêtera aux perpendiculaires A D et B C, menées à cette ligne par les extrémités A et B ; puis on mènera, par les points 10, *a b c d e....*, correspondants aux mètres, les neuf perpendiculaires 100, *a i*, *b k*, *e l*, *d m*...; enfin on joindra le point 9 de la ligne A B avec le point *o* de la ligne C D par l'oblique 90 à laquelle, et par les points A, 1, 2, 3, 4, 5, 6, 7 et 8, on mènera neuf parallèles qui, étant prolongées jusqu'à la ligne A C, termineront l'échelle demandée.

Supposons que l'on veuille prendre sur cette échelle une longueur égale à 3 mètres 35 centimètres, on observera que la distance comprise sur l'une quelconque des parallèles horizontales, entre l'oblique 90 et la perpendiculaire 10 0, est égale à un nombre de centimètres indiqué par le chiffre marqué sur la même ligne; ainsi, sur la parallèle horizontale menée par le point 5, cette distance sera égale à 5 centimètres, la distance du point *a* à l'oblique 90 sera de 3 centimètres, et celle 5 *b* égale à 3 mètres. La somme *a b* de ces trois lignes, égale à 3 mètres 3 décimètres 5 centimètres, ou à 3 mètres 35, sera par conséquent la longueur demandée.

Une échelle, ainsi construite, se nomme *échelle de dixmes*.

On appelle en général *polygone* une figure terminée par un nombre quelconque de lignes droites.

Le plus simple de tous est le *triangle*.

Les polygones de quatre côtés se nomment, ainsi que nous le savons déjà, *quadrilatère* ;

De 5, *pentagone* ;

De 6, *hexagone* ;

De 7, *heptagone* ;

De 8, *octogone* ;

De 9, *ennéagone* ;

De 10, *décagone*.

Au delà, les polygones se désignent par le nombre de

leurs côtés; cependant, les polygones de 12 et de 15 côtés revenant assez fréquemment dans la géométrie se désignent, le premier, par le nom de *dodécagone*, et, le deuxième, par celui de *pentédécagone*.

Les *polygones égaux* sont ceux dans lesquels les côtés sont égaux, ainsi que les angles qu'ils comprennent.

Ces polygones peuvent être décomposés en un même nombre de triangles égaux et semblablement disposés.

On nomme *polygones semblables* ceux dans lesquels les angles sont égaux, et dont les côtés *homologues*, ou semblablement placés, sont proportionnels.

Ces polygones peuvent être décomposés en un même nombre de triangles semblables, et semblablement disposés.

PROBLÈME 22.

Construire sur une droite b c, fig. 32, un triangle semblable au triangle A B C.

Première solution. Du point D de la droite indéfinie DE, et avec un rayon égal au côté BC, homologue du côté donné bc, on décrira un arc de cercle sur lequel on portera ce côté bc de E en F; par ce point et le point D, on mènera la droite FD; cela fait, du point D comme centre, et avec les côtés AB, AC, comme rayon, on décrira les arcs de cercle IK, GH; puis, de l'extrémité b de la ligne bc, et avec le rayon IK, on décrira un arc de cercle indéfini; du point C, et avec le rayon GH, on en décrira un second qui viendra le rencontrer en a; on mènera ensuite les droites ab, ac, qui formeront avec bc le triangle demandé.

Deuxième solution. On fera au point b l'angle abc égal à l'angle ABC du triangle donné; puis on déterminera la longueur ba de la même manière que dans le problème précédent, la droite ac, menée par les deux points a et c, terminera le triangle demandé.

Troisième solution. On fera aux extrémités b et c de la ligne bc les angles abc, acb respectivement égaux aux angles ABC, ACB du triangle donné; les droites ab, ac détermineront par leur intersection le triangle demandé.

L'angle EDF, au moyen duquel on a obtenu les côtés du triangle abc, se nomme *angle de réduction*.

PROBLÈME 23.

Construire sur une droite a b, fig. 33, un polygone sem-blable au polygone A B C D E.

Solution. On décomposera le polygone donné A B C D E en triangles par des droites menées de l'une des extrémités du côté A B, homologue à *a b*; puis, sur cette ligne *a b*, on construira, par l'un quelconque des procédés exposés dans le problème précédent, un triangle *a b e* semblable au triangle A B E; sur le côté *b e* de ce triangle on en construira un second *b d e*, semblable au triangle B D E; on construira de même sur le côté *b d* un troisième triangle *b c d* semblable au triangle B C D. Le polygone *a b c d e*, déterminé de cette manière, sera le polygone demandé.

S'il s'agissait de construire un polygone égal à un autre sur la droite indéfinie *a b*, on décrirait un triangle *a b e* égal au triangle A B E; puis, sur le côté *b e*, on en construirait un deuxième *b d e* égal au triangle B D E; enfin, on formerait sur *b d* le troisième triangle *b c d* égal à B C D, qui complèterait le polygone demandé.

PROBLÈME 24.

Construire un polygone a b c d e f g h, fig. 34, semblable à un polygone donné A B C D E F G H, en employant à sa construction les coordonnés de ses sommets.

Solution. On mènera une droite quelconque I Q à laquelle, et par les sommets A, B, C, D..., on abaissera les perpendiculaires A I, B K, H L, C M....; puis on évaluera la longueur de ces lignes appelées *coordonnées*, ainsi que celles des distances I K, I L, I M..., nommées *abcisses*. Au moyen de l'unité linéaire, du mètre par exemple, il ne s'agira plus que de réduire ces lignes dans le rapport de celles de la figure donnée à celles de la figure demandée. Pour cela, on construira une échelle de dixmes, *fig.* 31, dont les parties principales soient au mètre dans ce même rapport. Cela posé, on mènera une ligne quelconque *i q*, puis on prendra sur cette échelle une longueur égale au nombre de mètres de la ligne A I, et on la portera de i en a sur la perpendi-culaire *a i*; on prendra ensuite sur la même échelle une longueur égale au nombre de mètres contenus dans IK, que l'on portera de *i* en *k* ; puis on élèvera par ce point la perpendiculaire *k b* , sur laquelle on portera une distance *k b*, correspondante sur l'échelle au nombre de mètres de KB.... Enfin on mènera par les points *a b c*.... ainsi obtenus, les droites *a b*, *b c*...., qui formeront par leur ensemble la figure demandée.

On aurait encore pu obtenir les longueurs *a i*, *i k*, *k b*, *i l*, *l h*...., au moyen d'un angle de réduction EDF, ainsi que nous l'avons indiqué dans le problème 22.

S'il s'agissait de construire une figure égale à la figure ABCDEFGH, on porterait sur la droite *i q* des distances *i k*, *k l*, *l m*, *m n*...., respectivement égales aux parties IK, KL, LM, MN... de la ligne IQ, puis on élèverait par les points *i*, *k*, *l*, *m*, *n*...., les perpendiculaires *a i*, *k b*, *l h*, *m c*...., que l'on ferait égales aux perpendiculaires AI, BK, LH, GM.... La figure *a b c d e f g h*, formée en joignant les points *a*, *b*, *c*, *d*...., ainsi obtenus par des droites, serait la figure demandée.

PROBLÈME 25.

Faire passer une circonférence de cercle par trois points donnés A B C, fig. 35.

Solution. On joindra les points donnés par les deux droites AB, AC ; puis, sur le milieu de chacune d'elles, on élèvera les deux perpendiculaires DE, FG, qui détermineront par leur rencontre le centre O du cercle demandé.

Il est évident que le problème n'est possible qu'autant que les trois points donnés ne sont pas en ligne droite.

PROBLÈME 26.

Mener par l'extrémité A, fig. 36, *de l'arc de cercle A B C une normale, sans se servir du centre.*

Solution. On prendra à partir du point A, sur l'arc ABC, deux distances égales AB, BC ; puis, des points A et B comme centre, on décrira deux arcs de cercles indéfinis E et D de même rayon ; du point C et avec la même ouverture de compas, on en décrira un second qui viendra rencontrer le premier en E ; on prendra ensuite la distance

B E pour rayon, et du point A comme centre, on décrira
un arc de cercle qui ira rencontrer le deuxième en un point
D, lequel, étant joint avec le point A par une droite, déterminera la normale A D demandée.

PROBLÈME 27.

Par un point A, fig. 37, *donné sur la circonférence d'un
cercle, mener une tangente A B à cette circonférence.*

Solution. Par le centre et le point A donné, on mènera
le rayon C A ; puis, d'un point quelconque P, et avec le
rayon P A, on décrira un arc indéfini qui rencontrera le
rayon C A en B ; on mènera ensuite par ce point et le point
P le diamètre B D ; la droite A D, menée par l'extrémité D
de ce diamètre et le point A étant perpendiculaire sur le
rayon C A, sera la tangente demandée.

PROBLÈME 28.

Par un point A, fig. 38, *pris hors d'un cercle, mener une
tangente à ce cercle.*

Solution. On joindra le point A avec le centre C du cercle
donné par la droite A C, et on décrira sur cette ligne
comme diamètre la circonférence A B C D, qui rencontrera le cercle donné en deux points B et D, les droites A B,
A D, menées par ces points et le point donné A, seront les
tangentes demandées.

Il est important de remarquer que, dans ce cas, le
problème a deux solutions, et les deux tangentes que
nous venons de déterminer satisfont également à la question.

PROBLÈME 29.

Décrire un arc de cercle A B, fig. 39, *qui passe par un point
donné A, et qui touche en B une droite donnée de position.*

Solution. Par le point donné B, et perpendiculairement
à cette ligne, on mènera la droite indéfinie B C, on joindra ensuite les deux points A et B par la droite A B sur le
milieu de laquelle on élèvera la perpendiculaire D E, qui
déterminera par sa rencontre avec B C le centre C du
cercle demandé.

PROBLÈME 30.

Décrire un cercle qui touche en un point donné A, fig. 40, un autre cercle donné, et qui passe par un second point B, aussi donné.

Solution. Par le centre G du cercle donné et le point A, on mènera la droite indéfinie G A ; on joindra ensuite les deux points donnés A et B par la droite A B, sur le milieu de laquelle on élèvera la perpendiculaire D E ; le point O, où les deux lignes G A et D E prolongées se rencontreront, sera le centre du cercle demandé.

PROBLÈME 31.

Décrire un cercle tangent à trois droites données A B, B C, C D, fig. 41.

Solution. On divisera chacun des angles A B C, B C D formés par ces lignes en deux parties égales, par les droites B E, C F, qui détermineront par leur rencontre le centre O du cercle demandé.

Si de ce point on abaisse sur chacune des droites données A B, B C, C D les perpendiculaires O P, O P', O P", ces lignes, égales entre elles, détermineront la grandeur du rayon du cercle cherché, ainsi que la position des points de contact P, P' et P" sur les lignes données.

Si les lignes A B, C D se rencontraient, la figure deviendrait un triangle, le cercle serait *inscrit* à ce triangle, ou le triangle *circonscrit* à ce cercle.

PROBLÈME 32.

Décrire sur les deux droites données A B, C D, une anse de panier A H D I B, fig. 42, au moyen de trois arcs de cercle tangens, de manière que les angles A M H, I L B, compris entre les rayons K H, K I, passant par les points de contact, et la droite A B, soient égaux à un angle donné a b c.

Solution. On fera au centre C et sur le diamètre A B l'angle G C B égal à l'angle donné a b c ; puis, du point C comme centre, et avec des rayons égaux aux demi-axes C D, C B, on décrira les arcs de cercle D F, B G ; on mènera ensuite, par les points D et F, B et G, les droites D F, B G qui se rencontreront en un point I, par lequel on mènera la droite I K parallèlement à C G , qui viendra déterminer, sur les lignes A B et C D, prolongées, les points L et K; on fera C M égale à C L, et on tirera la droite K M. Les arcs égaux A H, B I, décrits des points M, L comme centre , avec le rayon L B , seront tangentes aux points H et I de l'arc H D I, décrit du point K avec le rayon K D, et termineront la figure demandée.

Si on formait au dessous de A B, et de la même manière , l'anse de panier A E B, la figure A H D I B E prendrait dans ces cas le nom d'*ovale*.

PROBLÈME 33.

Décrire sur la droite A B, fig. 43 , un arc rampant au moyen des trois arcs de cercle A D, D H et H B tangens entre eux , aux verticales A K, B L, et à l'horizontale D E.

Solution. Par les points A et B, on mènera perpendiculairement à A K et B L les droites A C et B F; on divisera l'angle A E D en deux parties égales par la droite E C, qui rencontrera la ligne A C en C; de ce point, et avec le rayon A C, on décrira l'arc A D ; on prendra ensuite une distance D G plus grande que D M, que l'on portera de B en F : ce point sera le centre du second arc B H. On mènera ensuite la droite F G, sur le milieu de laquelle on élèvera la perpendiculaire I O, dont la rencontre avec D G déterminera le centre O du troisième arc D H, qui terminera la figure demandée.

PROBLÈME 34.

Construire sur une droite donnée A B, fig. 44, un segment capable d'un angle donné a b c, c'est-à-dire, un arc A M M' B tel que les angles A M B, A M' B qui lui sont inscrits, soient égaux à l'angle donné.

Solution. Au point B, et au dessous de la ligne A B, on construira l'angle A B C égal à l'angle donné a b c ; par ce point B, et sur la ligne B C, on élèvera la perpendiculaire B O, qui rencontrera en O la droite P O, élevée perpendiculairement sur le milieu de la ligne A B; le point O, ainsi déterminé, sera le centre de l'arc A M M' B demandé.

PROBLÈME 35.

Faire passer un arc de cercle par les trois points donnés A, B, C, fig. 45, sans se servir du centre.

Solution. On mènera par les points donnés les droites A B, B C, et A C; puis, des deux extrémités de la droite A C, et avec un rayon quelconque, on décrira les deux arcs indéfinis G D, N H; on divisera ensuite chacun des arcs G D, N H, compris entre les droites A B, A C, et la droite A C en parties égales, aux points E, F, M et L; on portera ensuite une des parties G F deux fois de suite sur l'arc N H, prolongé de H en I et de I en K; on portera de même N M de D en O et de O en P sur le prolongement de l'arc G D. Par les points A et C et les points de division des arcs G P et N K, on mènera des droites qui se rencontreront aux points Q, R, S, T, par lesquels, et les points A, B, C, on fera passer une courbe à la main, qui sera l'arc de cercle demandé.

PROBLÈME 36.

Deux droites A B et D E étant données, fig. 46, trouver un point E sur la deuxième, tel que, menant de ce point les droites A E, B E aux extrémités de la première, les angles A E D, D E B soient égaux.

Solution. Sur le milieu de la ligne A B, on élèvera la perpendiculaire C D, qui rencontrera en D la droite donnée D E; on joindra ce point et le point A par la droite A D, sur le milieu de laquelle on élèvera la deuxième perpendiculaire G I qui rencontrera la première en un point C, duquel, et avec la grandeur C D comme rayon, on décrira l'arc indéfini A D B E, qui déterminera par sa rencontre avec D E le point E demandé.

PROBLÈME 37.

Faire passer par les deux points donnés C et D, fig. 47, un cercle tangent à la droite A B, aussi donnée.

Solution. On joindra les deux points donnés C et D par

la droite C E; sur cette droite, comme diamètre, on décrira le demi-cercle C F E, qui viendra rencontrer en F la droite D F menée par le point D perpendiculaire à C E. Du point E, et avec la droite E F comme rayon, on décrira le demi-cercle G F H, puis on mènera sur A B, par les deux points G et H les deux perpendiculaires G O, H P, qui viendront rencontrer la perpendiculaire I K élevée sur le milieu de C D aux points O et P, qui seront les centres des deux cercles qui satisferont à la question, le rayon du premier sera la perpendiculaire O G, et celui du deuxième, la perpendiculaire P H.

Des Polygones réguliers.

Les *polygones réguliers* sont ceux dans lesquels les côtés sont égaux, ainsi que les angles qu'ils comprennent.

Tout polygone *a f b g c h d e*, *fig.* 48, dont les angles sont situés à la circonférence, se nomme *polygone inscrit*.

On appelle *polygone circonscrit* un polygone tel que E F G H I K L M dont tous les côtés E F, F G, G H…. sont des tangentes à la circonférence.

Un polygone régulier quelconque peut toujours être inscrit et circonscrit au cercle.

PROBLÈME 38.

Inscrire dans un cercle, fig. 48, *le polygone régulier de quatre côtés.*

Solution. Par le centre O du cercle donné, on mènera les deux diamètres *d b*, *a c*, perpendiculaires entre eux; on mènera ensuite par leurs extrémités les droites *a b*, *b c*, *c d*, *d a*, qui détermineront le polygone *a b c d* demandé.

Ce polygone, dans lequel les angles sont droits et les côtés égaux, se nomme *carré*.

Si on suppose le rayon O *a* égal à l'unité, le côté *a b* du carré inscrit sera exprimé par le nombre 1,414235….

PROBLÈME 39.

Inscrire dans un cercle, fig. 48, *le polygone régulier de huit côtés ou l'octogone.*

Solution. On mènera les deux diamètres *d b*, *a c* perpendiculaires entre eux ; on divisera ensuite chacun des angles *a* O *d*, *a* O *b* qu'ils comprennent en deux parties égales par les diamètres *e g*, *f h*, en joignant les extrémités de ces lignes par des droites, on formera l'octogone régulier *a f b g c h d e*, qui sera le polygone demandé.

Si le rayon = 1, le côté *a f* de l'octogone inscrit est égal à 0,7653668....

PROBLÈME 40.

Inscrire dans un cercle, fig. 49, *un hexagone régulier*.

Solution. On portera le rayon A O six fois sur la circonférence de A en B, de B en C, de C en D... On mènera ensuite par les points A, B, C, D, E, F ainsi obtenus, des droites qui détermineront l'hexagone demandé.

Si le rayon = 1, le côté de l'hexagone inscrit sera aussi égal à 1.

PROBLÈME 41.

Inscrire dans un cercle, fig. 49, *un triangle équilatéral*.

Solution. On déterminera les six points A, B, C, D, E, F, ainsi qu'il vient d'être indiqué dans le problème précédent ; puis on joindra ces points de deux en deux par les trois droites A C, C E, E A, qui détermineront le triangle demandé.

Si le rayon = 1, le côté du triangle équilatéral inscrit est égal à 1,7320508....

PROBLÈME 42.

Inscrire dans un cercle, fig. 50, *un décagone régulier*.

Solution. A l'extrémité A du rayon O A, on élèvera la perpendiculaire A P égale à la moitié de O A ; puis on portera sur la droite O P, menée par les points O et P, la distance P A de P en L : la grandeur O L, comprise entre le centre et le point L, sera le côté du décagone demandé. On construira ce polygone en portant cette ligne dix fois de suite sur la circonférence de A en B, de B en C, de C en D...., et joignant par des droites les points A, B, C, D, E, F, G, H, I, K ainsi obtenus.

Le côté A B du décagone est, ainsi qu'on le voit, le plus

grand segment du rayon divisé en moyenne et extrême raison. Si le rayon = 1, A B = 0,6180339....

PROBLÈME 43.

Inscrire dans un cercle , fig. 50 , un pentagone régulier.

Première solution. On construira le décagone régulier, ainsi qu'il vient d'être indiqué , puis on joindra ses angles de deux en deux par les cinq droites BD, D F, F H, H K, K B, qui détermineront le pentagone demandé.

Deuxième solution. On mènera les deux diamètres A B, D E, *fig.* 52 , perpendiculaires entre eux. Du point A , et avec la ligne A C, comme rayon , on décrira l'arc L C K, qui rencontrera la circonférence aux points L et K, par lesquels on fera passer la droite L K. Cette ligne coupera le rayon A C en son milieu M. De ce point comme centre , et avec le rayon M D , on décrira l'arc D N, dont la corde D N sera côté du pentagone demandé.

On construira ce polygone en portant cette ligne D N cinq fois de suite sur la circonférence de D en F, de F en G, de G en H...., et joignant par des droites les points D, F, G, H, I, ainsi obtenus.

Si le rayon = 1 , le côté du pentagone inscrit est égal à 1,1755705.....

PROBLÈME 44.

Inscrire dans un cercle, fig. 51, le pentédécagone ou le polygone régulier de 15 côtés.

Solution. On portera le rayon a o de a en A sur la circonférence , puis on déterminera le côté a B du décagone par le procédé indiqué dans le problème 41, la droite A B menée par les deux points A et B déterminés de cette manière , sera le côté du pentédécagone.

On construira ce polygone en portant la ligne A B quinze fois de suite sur la circonférence de B en C, et de C en D... et joignant par des droites les points A B C D E F G.... ainsi obtenus.

Si le rayon = 1, le côté du pentédécagone inscrit est égal à 0,4158233.

On déduira facilement de ces valeurs les côtés des

mêmes polygones par un cercle quelconque. Pour cela, on multipliera les nombres donnés ci-dessus par le rayon du nouveau cercle.

Ainsi le côté du pentagone inscrit dans un cercle de 2,25 au rayon, est égal à 1,1755705 × 2,25, ou à 2,645033625.

Il est important d'observer qu'en général l'inscription des polygones dans le cercle revient à la division de la circonférence en un certain nombre de parties égales, ainsi, en s'aidant du problème 8, qui donne le moyen de diviser un arc en deux parties égales, on parviendra facilement, au moyen des problèmes 37, 38, 39, 40, 41, 42 et 43, à diviser la circonférence suivant les nombres des progressions

$$3, \quad 6, \quad 12, \quad 24, \quad 48 \ldots$$
$$4, \quad 8, \quad 16, \quad 32, \quad 64 \ldots$$
$$5, \quad 10, \quad 20, \quad 40, \quad 80 \ldots$$
$$15, \quad 30, \quad 60, \quad 120, \quad 240 \ldots$$

ou à inscrire les polygones d'un même nombre de côtés.

Le polygone circonscrit E F G H I K L M, *fig.* 48, se déduit du polygone inscrit *a f b g c h d e*, en menant du centre à chacun de ses angles les rayons O *a*, O *f*, O *b*, O *g*... les perpendiculaires F G, G H, H I, I K... élevées à leurs extrémités, détermineront par leur rencontre la figure E F G H I K L M, qui sera le polygone circonscrit demandé.

Ce procédé est applicable à tous les polygones, quel que soit le nombre de leurs côtés.

Le carré circonscrit ABCD, *fig.* 48, a été obtenu de cette manière.

PROBLÈME 45.

Déterminer par une construction géométrique la longueur approchée de la circonférence.

Première solution. On mènera, par le centre C, *fig.* 53, de la circonférence, les deux diamètres A B, D E perpendiculaires entre eux; puis, du point A comme centre, et avec le rayon A C, on décrira l'arc de cercle C F; on joindra ensuite les points F et D au point B par les deux droites F B, D B, que l'on portera de B en G et de B en H. La somme G H de ces lignes sera une longueur approchée de la demi-circonférence.

Deuxième solution. Soient les deux diamètres A B, F G, *fig.* 54, perpendiculaires entre eux, de l'extrémité A du premier, et avec le rayon A C, on décrira un arc de cercle qui rencontrera la circonférence en un point D, par lequel et le centre C on mènera la droite indéfinie C D; puis, par l'extrémité F du second diamètre, on mènera la tangente F H, qui viendra déterminer, sur C D, le point E, à partir duquel on portera le rayon A C trois fois sur cette tangente; enfin, on joindra le point H, ainsi obtenu, avec l'autre extrémité G du diamètre par la droite G H, qui sera une longueur très-approchée de la demi-circonférence.

Les géomètres qui se sont occupés de la recherche du rapport de la circonférence au diamètre, ont démontré que la solution exacte de ce problème était impossible en nombres entiers : ils ont trouvé que le diamètre étant représenté par l'unité, la circonférence C était égale à :

$$3, 14159265358979 32....$$

La valeur déduite de la première solution donne, en supposant le diamètre égal à 1 pour la circonférence C' :
C' = 3, 146.....

La deuxième solution donne dans le même cas, pour la circonférence C'' : C'' = 3, 14153.....

On voit par là que C' > C ;
$$C'' < C.$$

La longueur C de la circonférence est comprise entre ces deux valeurs, mais elle est beaucoup plus près de la deuxième que de la première.

On obtiendra en général la longueur d'une circonférence de diamètre quelconque en multipliant la valeur 3,14159... donnée ci-dessus, ou 3,1416 par ce diamètre ; ainsi, la circonférence décrite sur un diamètre égal à 5ᵐ, 75 est égale à 3,1416 × 5, 75 ou à 18ᵐ, 0642.

L'espace renfermé par les lignes droites ou courbes qui terminent une figure quelconque, se désigne en général par les noms de *surface*, de *superficie* ou d'*aire*.

Ainsi on dit : la surface d'un triangle, d'un carré...., la superficie ou l'aire d'un polygone, d'un cercle...., pour exprimer l'étendue superficielle comprise entre les limites de ces diverses figures.

PROBLÈME 46.

*Transformer un polygone d'un certain nombre de côtés,
fig. 55, en un autre de même surface et qui ait un côté de moins.*

Solution. On joindra les deux angles B et D, *fig.* 55, par la
diagonale B D, à laquelle, et par le point C, on mènera la parallèle C H, qui rencontrera A B prolongé en H, la droite
D H, menée par les points D et H, transformera le polygone proposé en un polygone équivalent d'un nombre de
côtés moindre d'une unité.

PROBLÈME 47.

*Transformer le polygone A H C D E F, fig. 55, qui a un
angle rentrant A F E, en un autre polygone équivalent qui
n'ait que des angles saillans.*

Solution. On joindra les deux points A et E par la droite
A E, à laquelle, et par le point F, on mènera la parallèle
F G, qui rencontrera la droite A H en G. La droite E G,
menée par les deux points E et G, déterminera le polygone
demandé.

On conçoit facilement que les constructions indiquées
dans les problèmes précédens peuvent s'appliquer à un polygone d'un nombre quelconque de côtés, et en continuant
d'effectuer sur le pentagone B C D E G celles du problème 45, on le réduira d'abord en un quadrilatère équivalent, puis on transformera celui-ci en un triangle de
même surface, et, par conséquent, équivalent au polygone
proposé A B C D E F.

On parviendra toujours, et par une suite d'opérations
semblables, à transformer un polygone quelconque en un
triangle équivalent. —

PROBLÈME 48.

*Transformer le triangle A B C, fig. 56, en un triangle
A E F équivalent, dont l'un des angles à la base soit E A B,
et qui ait son sommet en E.*

Solution. Par le sommet C du triangle proposé, on mènera, parallèlement à sa base, la droite C D, qui rencontrera AE, prolongé en D; on joindra ensuite les deux points B et E par la droite BE, à laquelle, et par le point D, on mènera la parallèle DF, qui déterminera, sur la droite AB prolongée, l'extrémité F de la base du triangle demandé.

PROBLÈME 49.

Les côtés homologues AB et ab de deux polygones semblables ABCDE, abcde, fig. 57, étant donnés, trouver le côté correspondant du polygone semblable équivalent à leur somme.

Solution. On fera la droite MP égale à l'un ab des côtés donnés, puis on élèvera, à l'extrémité M de cette ligne, la perpendiculaire MN, que l'on fera égale à l'autre côté AB. La droite NP, menée par les extrémités N et P de ces lignes, sera le côté homologue demandé.

PROBLÈME 50.

Diviser un triangle ABC, fig. 58, en deux parties équivalentes, par une droite FG parallèle à sa base.

Solution. On décrira sur le côté BC, comme diamètre, la demi-circonférence CEB, par le centre D de laquelle on élèvera sur ce côté la perpendiculaire DE; puis, on joindra les points C et E par la droite CE, que l'on portera de C en G. La droite menée par le point G parallèlement à la base AB sera la ligne demandée.

PROBLÈME 51.

Transformer un carré donné ABCD, fig. 59, en un triangle équilatéral ALM équivalent.

Solution. Du point B comme centre, et avec le côté AB comme rayon, on décrira la demi-circonférence ACE, sur laquelle on portera la distance AB de A en F; puis, on mènera par ces deux points la droite indéfinie AF, qui rencontrera CD en G, et l'on fera la droite AH égale à AG. Par le point H on élèvera sur AE la perpendiculaire HI, qui déterminera sur la demi-circonférence le point I, que l'on joindra au point A par la droite AI. L'on portera ensuite cette dernière de A en M et A en L sur les lignes

A M et A E. La droite M L, menée par les deux points M et L, détermineront le triangle M A L demandé.

PROBLÈME 52.

Diviser un triangle A B C, fig. 60, en trois parties équivalentes, par deux droites D E, D H, partant d'un point D, donné sur l'un des côtés.

Solution. Par le point donné et l'angle opposé B, on fera passer la droite D B, à laquelle, et par le sommet C, on mènera la parallèle C E, qui viendra déterminer, sur la base A B prolongée, le point E, que l'on joindra au point D par la droite D E; on divisera ensuite cette ligne A E en trois parties égales aux points F et G; puis, par le point G, on mènera parallèlement à D B la droite G H, qui rencontrera B C en un point H. Les droites D F, D H, menées du point donné D aux points F et H, diviseront le triangle en trois parties équivalentes.

PROBLÈME 53.

Diviser un cercle donné, fig. 61, en trois parties équivalentes par deux cercles concentriques, c'est-à-dire, décrits du même centre.

Solution. Soit C A le rayon du cercle donné, sur cette droite, comme diamètre, on décrira le demi-cercle C F G A, et l'on divisera C A en trois parties égales; puis, par les points D, E de division, on élèvera sur cette ligne les perpendiculaires D F, E G, qui rencontreront la demi-circonférence aux points F et G. Les circonférences décrites du point C comme centre, avec les distances C F, C G pour rayon, diviseront le cercle proposé en trois parties équivalentes.

Dans un triangle quelconque A B C, fig. 62, 1° si on abaisse de chacun des angles A, B, C une perpendiculaire sur le côté opposé, ces trois perpendiculaires A E, B F, C D se couperont toujours en un même point L.

2° Si on élève sur le milieu de chacun des côtés les perpendiculaires G N, H N, I N, ces trois perpendiculaires se rencontreront en un même point N, qui sera le centre du cercle circonscrit. (*Problème* 24).

3° Les droites menées de chacun des sommets A, B, C, aux milieux H, I, G, des côtés opposés, se rencontreront toujours aussi en un même point M.

4° Enfin, les trois points L, M, N, seront toujours situés sur une même ligne droite.

PROBLÈME 54.

Construire un carré équivalent à un parallélogramme ABCD, ou à un rectangle donné ABEF, fig. 63.

Solution. Par le point B on élevera sur la base AB la perpendiculaire BI; puis on portera la partie BE de cette ligne comprise entre les deux bases AB, DE de B en K, et l'on décrira sur la droite AK, comme diamètre, le demi-cercle AIK, qui coupera la perpendiculaire BI en I; on portera ensuite cette ligne BI de B en G, et l'on achèvera le carré GBIH, qui sera le carré demandé.

PROBLÈME 55.

Construire un carré équivalent à un triangle donné ABC, fig. 64.

Solution. On élèvera par le point A et sur la droite AB la perpendiculaire AD, qui viendra rencontrer la droite CD, menée parallèlement à la base AB en un point D. On portera ensuite la moitié AE de cette ligne AD, de A en F; puis, sur cette droite BF, comme diamètre, on décrira le demi-cercle FGB, qui rencontrera la perpendiculaire AD en G; on portera AG de A en I, et l'on achèvera le carré AGHI, qui sera le carré demandé.

On doit remarquer, d'après les problèmes précédens, que des figures de formes très-différentes peuvent renfermer des surfaces égales; cette égalité des surfaces s'exprime comme on l'a déjà vu, en disant que les figures sont *équivalentes.*

Les figures *égales* sont celles qui renferment la même surface, et qui sont semblables dans toutes leurs parties.

La surface d'un triangle s'obtiendra numériquement, en multipliant le nombre d'unités linéaires contenu dans la base par le nombre d'unités linéaires contenu dans la hauteur, et prenant la moitié du produit, ainsi, fig. 62, surface ABC, $= \frac{1}{2}$ AC $\times$ BF.

On trouverait la même surface en prenant pour base une des droites AB, BC ; il viendrait toujours :

$$\text{Surface ABC} = \tfrac{1}{2} \text{ AB} \times \text{CD.}$$
$$\text{Surface ABC} = \tfrac{1}{2} \text{ BC} \times \text{AE.}$$

$$\text{Si AC} = 7^m,57,$$
$$\text{BF} = 4^m,63.$$

$$\text{Surface ABC} = \frac{7^m,57 \times 4^m,63}{2} = 17^m,52455.$$

La surface d'un parallélogramme ABCD, *fig.* 63, *est égale au produit de sa base* AB *par sa hauteur* AF. (Ces deux droites étant évaluées au moyen de l'unité linéaire.)

$$\text{Surface ABCD} = \text{AB} \times \text{AF.}$$

La surface d'un rectangle est aussi égale au produit de sa base par sa hauteur,

$$\text{Surface ABEF} = \text{AB} \times \text{AF.}$$

$$\text{Si AB} = 4^m,68,$$
$$\text{AF} = 2^m,03.$$

Les deux surfaces équivalentes ABCD, ABEF seront égales à $4^m,68 \times 2^m,03$ ou $9^m,5004$.

La surface du carré sera par conséquent égale à GB$\times$BI, ou à BI $\times$ BI $=$ BI².

La surface d'un polygone régulier quelconque EFGHIKLM, *fig.* 48, *est égale à la moitié du produit de son contour par le rayon du cercle inscrit.*

$$\text{Surface EFGHIKLM} =$$
$$\tfrac{1}{2}(\text{EF} + \text{FG} + \text{GH} + \text{HI} + \text{IK} + \text{KL} + \text{LM} + \text{ME}) \times \text{Oa.}$$

La surface d'un polygone quelconque ABCDE, *fig.* 33, s'obtiendra en le décomposant en triangles par des diagonales menées de l'un des angles, et évaluant chacune de ces surfaces séparément comme il a été indiqué ci-dessus, la somme des divers produits que l'on obtiendra de cette manière, exprimera la surface du polygone; ainsi, surface A B C D E=surface A B E+surface B E D+surface B D C.

La surface d'un trapèze, fig. 24, est égale à la demi-somme des bases parallèles A B, D C, multipliée par la distance A F de ces bases.

Surface $A B C D = \frac{1}{2} (AB + DC) \times AF.$

$$\text{Si } AB = 3^m,53,$$
$$DC = 6^m,17,$$
$$AF = 2,^m19.$$

Surface $A B C D = \frac{1}{2} (3^m,53+6^m,17) \times 2^m,19$, on a $10^m,6215.$

La surface d'un cercle A D B E, fig. 53, est égale à la moitié du produit de la circonférence par le rayon.

Surface $A D B E$, *fig.* 53, $= G H \times B C.$
Surface $A F B G$, *fig.* 54, $= G H \times B C.$

On obtiendra encore la surface d'un cercle en multipliant le rayon par lui-même, et multipliant par 3,1416 le produit ainsi obtenu :

$$\text{Si } BC = 5^m,00,$$
Surface cercle $= 5 \times 5 \times 3,1416 = 78^m,54.$

DEUXIÈME SECTION.

GÉOMÉTRIE DES TROIS DIMENSIONS.

DES CORPS TERMINÉS PAR DES PLANS.

Les corps terminés de toute part par des plans se nomment en général *polyèdres*. Chacun de ces plans se nomme *face*; la droite suivant laquelle deux faces consécutives se coupent se désigne par le nom d'*arète*; et, enfin, on appelle *sommet* le point où plusieurs de ces droites viennent se réunir.

Les polyèdres se distinguent par le nombre de leurs faces. Le plus simple de tous est celui qui est terminé par quatre plans : il se nomme *tétraèdre*, *fig.* 69.

Lorsque toutes les faces d'un polyèdre sont des polygones réguliers d'un même nombre de côtés et égaux entre eux, le polyèdre est appelé *régulier*. Les *polyèdres irréguliers* sont ceux qui sont terminés par des faces qui ne satisfont pas à ces conditions.

Il n'y a que cinq polyèdres réguliers :

1° Le *tétraèdre*, qui est formé par quatre triangles équilatéraux égaux entre eux, *fig.* 78;

2° Le *cube* ou l'*hexaèdre*, terminé par six carrés égaux, *fig.* 79;

3° L'*octaèdre*, qui est terminé par huit triangles équilatéraux égaux, *fig.* 80;

4° Le *dodécaèdre*, qui est terminé par douze pentagones réguliers égaux, *fig.* 81;

5° Enfin, l'*icosaèdre*, formé par vingt triangles équilatéraux égaux entre eux, *fig.* 82.

Le nombre des polyèdres irréguliers est indéfini ; cependant, parmi le grand nombre de ces corps que l'on peut se représenter par la pensée, on considère d'une manière particulière en géométrie :

1° La *pyramide*, dont une des faces est un polygone
quelconque, et dont toutes les autres sont des triangles qui
ont pour base les côtés de ce polygone, et dont les sommets
se réunissent en un même point, *fig.* 68 et 69.

Si, la base étant un polygone régulier, la perpendiculaire, abaissée du sommet sur cette base, tombe au centre,
la pyramide prend le nom de *pyramide régulière*. La droite
menée du sommet au centre de la base, se nomme *axe de la
pyramide*.

2° Le *prisme*, dont deux des faces opposées, qu'on nomme
bases, sont des polygones égaux et parallèles, et dont toutes
les autres sont des parallélogrammes, *fig.* 66 et 67.

Lorsque les arêtes sont perpendiculaires au plan de la
base, c'est-à-dire qu'elles n'inclinent d'aucun côté par rapport à cette base, le prisme prend le nom de *prisme droit*,
fig. 66.

Si la base est de plus un polygone régulier, *fig.* 66, le
prisme est *régulier;* la droite menée par le centre de cette
base, parallèlement aux arêtes, se nomme *axe du prisme*.

Tout prisme dont la base A B C D, *fig.* 67, est un parallélogramme, se nomme *parallélipipède*.

Si les arêtes sont perpendiculaires au plan de la base, le
parallélipipède prend le nom de *parallélipipède rectangle*.

DES CORPS TERMINÉS PAR DES SURFACES COURBES.

Une surface courbe peut, en général, être considérée
comme engendrée par une ligne de nature quelconque, nommée *génératrice*, assujettie à se mouvoir suivant une loi
donnée, à passer constamment par un ou deux points donnés, ou à glisser sur une ou plusieurs lignes données, appelées *directrices*.

Les surfaces courbes que nous considérerons dans ce qui
va suivre sont :

1° La *surface conique*, *fig.* 72 et 73, engendrée par une
droite assujettie à passer constamment sur un point donné S,

nommé *sommet*, en glissant sur une courbe A B C D E...., aussi donnée.

2° La *surface cylindrique*, *fig.* 70 et 71, engendrée par une droite assujettie à glisser parallèlement à elle-même le long d'une courbe donnée A B C D E....

3° Et enfin la *surface sphérique*, *fig.* 74, engendrée par le mouvement d'un demi-cercle autour d'un de ses diamètres.

Il résulte de cette génération que la surface sphérique a tous ses points à égale distance d'un point intérieur C, appelé *centre*.

Parmi les trois surfaces différentes que nous venons d'énumérer, la dernière seule est fermée de toute part : le corps limité par cette surface se nomme *sphère*.

Les deux premières, au contraire, sont indéfinies, et ne peuvent limiter complètement un espace que conjointement avec d'autres surfaces.

Enfin, on appelle *cylindre* le corps terminé par la surface cylindrique et par deux plans parallèles nommés *bases*. Si les génératrices sont perpendiculaires à cette base, *le cylindre est droit*; si, de plus, cette base est un cercle, *le cylindre est droit et à base circulaire*.

La droite menée par le centre de la base parallèlement aux génératrices, se nomme *axe du cylindre*.

On appelle *cône* le corps terminé par la surface conique et par un plan nommé *base*. Si cette base est un cercle, et que la perpendiculaire, abaissée du sommet sur cette base, tombe au centre, *le cône est droit et à base circulaire*.

La droite menée du sommet au centre de la base se nomme *axe du cône*.

DESCRIPTION GRAPHIQUE DES CORPS.

La méthode au moyen de laquelle on parvient à représenter sur un plan étendu en longueur et en largeur seulement, la forme, la grandeur et les divers accidens que présente la figure des corps qui nous entourent, se nomme *méthode des projections*.

Cette méthode consiste à rapporter les points principaux, les génératrices et les directrices de leurs surfaces, etc., à deux plans fixes perpendiculaires entre eux, nommés *plans coordonnés* ou *plans de projections*, au moyen de perpendiculaires appelées *projetantes* abaissées sur ces plans, de ces points ou des différens points de ces lignes.

Ainsi la projection du point I, *fig.* 65, sera complètement déterminée si on connaît les points de rencontre I' et I'' des perpendiculaires II', II'' abaissées de ce point sur les plans de projections ABCD, ABEF; en effet, le point sera situé dans l'espace à l'intersection I des deux perpendiculaires I'I, I''I, menées sur ces plans par les deux points I'I''.

On désigne ordinairement l'intersection AB, *fig.* 65, des deux plans de projection, par le nom d'*axe des plans fixes*, ou, plus communément encore, par celui de *ligne de terre*.

Toute perpendiculaire II' à un plan ABCD, *fig.* 65, est perpendiculaire à toutes les droites menées par son pied dans le plan; ainsi II' est perpendiculaire à T'I', de même II'' est perpendiculaire à T''I''.

Le plan ABEF, *fig.* 65, perpendiculaire à ABCD, ne penche pas plus du côté de ABCD que vers son prolongement.

Pour qu'un plan soit perpendiculaire à un autre, il suffit qu'il passe par une perpendiculaire sur cette autre.

Un plan ABEF, *fig.* 65, passant par la verticale T'' *T''* se nomme *plan vertical*.

Le plan ABCD, qui lui est perpendiculaire, se nomme *plan horizontal*.

Les points de rencontre I' et I'' des projetantes II' et II'' avec les plans de projections, se nomment *projections du point I*.

La projection I' du point I sur le plan horizontal ABCD, se nomme *projection horizontale*.

On appelle *projection verticale* la projection I'' du point I sur le plan vertical ABEF.

La distance I'' *I* de la projection verticale I'' à la ligne de terre, est évidemment égale à la distance II' du point I au plan horizontal. La distance I'*I* de la projection horizontale I' à la ligne de terre, est de même égale à la distance II'' du point I au plan vertical.

Si on projette chacun des points d'une ligne quelconque

sur deux plans perpendiculaires entre eux, ainsi que nous l'avons indiqué pour le point I, *fig.* 65, la suite des projections de ces différens points composera ce qu'on appelle la *projection de la ligne.*

La projection située sur le plan horizontal se nomme *projection horizontale.*

Celle située sur le plan vertical se nomme *projection verticale.*

Ainsi la projection horizontale de la droite T'T'', *fig.* 65, s'obtiendra en abaissant de chacun de ses points I T''.... des perpendiculaires sur le plan horizontal; la suite de ces projetantes I I', T'' *T'*, formera ce qu'on appelle le *plan projetant de la droite*; l'intersection T' *T*'' de ce plan T'' *T*' T', avec le plan horizontal A B C D, sera la projection horizontale demandée.

La projection verticale T'' *T*' sera de même située à l'intersection du plan projetant T'' *T*' T' avec le plan vertical A B E F.

Les projections d'une droite étant elles-mêmes des lignes droites, il en résulte qu'une ligne de cette espèce est complètement déterminée par les projections de deux de ses points.

Les points où une ligne rencontre les plans de projections se nomment *traces.* Le point T', *fig.* 65, est la trace horizontale de la droite T' T''; T'' est la trace verticale de cette même droite; ces traces sont elles-mêmes leur projection sur ces plans; les deux autres projections de ces points sont situées sur la ligne de terre, la projection verticale du premier en *T*', la projection horizontale du deuxième en *T*''.

Une droite est complètement déterminée par ses deux traces.

Une ligne de nature quelconque est entièrement déterminée par ses deux projections.

Un plan quelconque M P N L, *fig.* 65, incliné par rapport aux deux plans de projections, rencontre ces plans suivant deux droites P M, P N, appelées *traces.*

La première est la *trace horizontale*, la deuxième est la *trace verticale.*

Les deux traces se coupent toujours en un même point P de la ligne de terre.

Si le plan est perpendiculaire à l'un des plans de projection, au plan vertical, par exemple, sa trace horizontale P M est perpendiculaire à la ligne de terre A B.

Si le plan, au contraire, était perpendiculaire au plan horizontal, sa trace verticale serait perpendiculaire à la ligne de terre.

PROBLÈME 56.

Les deux traces P M, P N d'un plan M P N L perpendiculaires au plan vertical, fig. 65, *étant données ainsi que les projections T″T′, T′T″ d'une droite T′ T″, déterminer les projections I′, I″ du point I, où cette droite rencontre le plan.*

Solution. On mènera le plan projetant T′ T T″; l'intersection I I″ des deux plans M P N L, T′ T′ T″ perpendiculaires au plan vertical A B E F, sera elle-même perpendiculaire au plan vertical; la projection verticale du point I ou la droite T′ T″ perce le plan M P N L sera par conséquent au point de rencontre I″ de la trace verticale P N de ce plan avec la projection verticale T′ T″ de la droite donnée. La projection horizontale s'obtiendra en abaissant du point I sur le plan horizontal A B C D la perpendiculaire I I′, cette droite rencontrera la projection horizontale T′ T″ en un point I′, qui sera la projection demandée.

Il est important d'observer que les projections I′I, I″ I, des projetantes I I″, I I′ sont toutes deux perpendiculaires au même point I de la ligne de terre A B.

On doit concevoir maintenant, d'après les principes que nous venons d'exposer, et qui servent de base à la méthode des projections, la possibilité de déterminer, au moyen des plans coordonnés, la position des points remarquables de l'espace, la nature des lignes ainsi que les différentes circonstances que leur cours présente. Avec leur secours on parviendra toujours à déterminer la forme et la grandeur des corps au moyen des projections des directrices et des génératrices des surfaces qui les terminent, et à effectuer toutes les opérations que peut exiger la solution des problèmes relatifs aux lignes, aux surfaces et aux volumes que la géométrie considère.

Nous avons toujours supposé jusqu'à présent que les deux plans coordonnés étaient perpendiculaires entre eux; mais cette supposition, nécessaire pour l'intelligence de la méthode des projections, ne l'est plus dans l'application, et il devient utile dans ce cas de modifier la méthode qui en résulte de manière à ce que les opérations puissent être effectuées sur un seul et même plan; on parvient à ce résultat en imaginant que l'un des plans de projection a tourné autour de la commune intersection A B pour se rabattre sur le prolongement de l'autre plan, et ne former avec lui qu'un plan unique sur lequel on devra effectuer les constructions relatives à la question proposée.

Il est important de remarquer que les projections, les traces, etc., situées sur le plan mobile, ont suivi son mouvement, et que, par conséquent, les projections et les traces verticale et horizontale sont maintenant contenues dans un même plan divisé en deux parties par la ligne de terre A B; la partie située au dessus de cette ligne se nomme *plan vertical*, celle qui est située au dessous se nomme *plan horizontal*; la projection verticale prend quelquefois dans ce cas le nom d'*élévation géométrale*, ou simplement d'*élévation*, et la projection horizontale celle de *plan géométral*, ou simplement *plan*.

Il est évident que, dans le mouvement du plan autour de la ligne de terre A B, les projections I' I, I'' I des projetantes du point I, ne cesseront pas d'être perpendiculaires au même point I de cette droite A B; et enfin, lorsque les deux plans coïncideront, les deux lignes I' I, I'' I se trouveront placées dans le prolongement l'une de l'autre; on doit conclure de là que, dans ce cas, *les deux projections I', I'' d'un même point I', sont sur une même perpendiculaire à la ligne de terre.*

PROBLÈME 57.

La projection horizontale A B C D E F G H, fig. 66, d'un prisme régulier étant donnée, ainsi que sa projection verticale A' D' E' H', on demande de déterminer:

1° *La véritable grandeur de la section faite dans ce prisme par un plan perpendiculaire au plan vertical, la trace verticale de ce plan étant représentée par la droite P N, et la trace horizontale par la droite P M.*

2° *Le développement de la surface du prisme sur lequel on indiquera la section transformée.*

Solution. 1° Puisque les arêtes du prisme proposé sont perpendiculaires au plan horizontal, on conçoit que la projection horizontale de la section devra se projeter sur la base A B C D E F G H; de plus, le plan donné étant perpendiculaire au plan vertical, la projection verticale de cette section se confondra de même avec la partie i' m' de la trace verticale du plan sécant; ainsi, il ne s'agit plus que d'obtenir la véritable grandeur de la section, dont A B C D E F G H est la projection horizontale et i' m' la projection verticale; pour cela, on élevera sur la trace N P, par les points de rencontre i', k', l' et m' de cette ligne, avec les arêtes A' H', B' G', C' F', D' E', les perpendiculaires ah, bg, cf et de; on mènera dans le plan N P M, par le point où l'axe le rencontre, la droite I M parallèle au plan vertical; puis on prendra la distance i A, que l'on portera sur la première de i' en a et de i' en h; on portera de même les droites k B, l C de chaque côté de N P sur les deux perpendiculaires suivantes; enfin on prendra la dernière droite m D, que l'on portera sur la dernière perpendiculaire de m' en d et de m' en e. Les points a, b, c, d, e, f, g et h obtenus de cette manière, étant joints par des droites, détermineront la véritable grandeur de la section demandée.

Les points de rencontre K et K' des côtés C D et cd, prolongés avec les droites I M et N P, sont sur une même perpendiculaire à la ligne de terre.

2° Pour le développement on prendra un des côtés, A B par exemple, que l'on portera huit fois de suite sur la ligne de terre prolongée, de H'' en A'', de A'' en B'', de B'' en C''....; puis on élèvera sur cette droite, et par les points H'', A'', B'', C'', D''...., les neuf perpendiculaires H'' H''', A'' A''', B'' B''', C'' C''', D'' D'''... que l'on arrêtera à la droite H''' H''', menée parallèlement à H'' H'', et à une distance H'' H''' égale à l'une quelconque A' H', des arêtes du prisme, le rectangle H'' H'' H''' H''' représentera le déve-

loppement du prisme proposé. On obtiendra la section transformée en menant par les points $i'\ k'\ l'\ m'$ les horizontales
$i'\ h'$, $k'\ g'$, $l'\ f'$ et $m'\ e'$ jusqu'à la rencontre des arêtes correspondantes H'' H''', A'' A''', B'' B''', C'' C'''…. Les
points h', a', b', c', d', e'…. ainsi obtenus, étant joints par
des droites, détermineront la section demandée.

Si on prolonge un côté quelconque C D de la base du
prisme jusqu'à la trace horizontale P M du plan donné, et
le côté correspondant $c'\ d'$ de la section transformée jusqu'à
la droite H'' H''', on devra remarquer que les distances
D L, D'' L' sont égales entre elles.

PROBLÈME 58.

*Les deux projections A B C D E F G H, A' C' G' E', fi-
gure 67, d'un parallélipipède quelconque dont les arêtes sont
parallèles au plan vertical, étant données, déterminer :*

*1° Les deux projections et la véritable grandeur de la section
faite dans ce parallélipipède par un plan N P M, perpendiculaire à ses arêtes.*

*2° Le développement de la surface du parallélipipède, sur
lequel on indiquera la section transformée.*

Solution. 1° On abaissera sur la ligne de terre, et par le
point $i'\ k'\ l'$ et m' de rencontre de la trace verticale P N du
plan donné avec les droites A' E', D' H', B' F' et C' G', les
perpendiculaires $i'a$, $k'd$, $l'b$ et $m'c$, que l'on arrêtera aux projections horizontales correspondantes A E, D H, B F et C G.
Les points a, b, c, d, ainsi obtenus, étant joints par des
droites, détermineront la projection horizontale $a\ b\ c\ d$ de
la section demandée ; la projection verticale se confondra
avec la partie $i'\ m'$ de la trace verticale du plan donné
comme dans l'exemple précédent.

La véritable grandeur de cette section s'obtiendra en
élevant, sur la droite N P et par les points $i'\ k'\ l'$ et m',
les perpendiculaires $i'\ a'$, $k'\ d'$, $l'\ b'$ et $m'\ c'$ égales aux
droites $i\ a$, $k\ d$, $l\ b$ et $m\ c$, comptées à partir d'une droite
quelconque M I, menée dans le plan coupant parallèlement
au plan vertical. La figure $a'\ b'\ c'\ d'$ formée en joignant par
des droites les extrémités de ces perpendiculaires, sera la
véritable grandeur de la section demandée.

Cette section perpendiculaire aux arêtes se désigne quelquefois par le nom de *section droite*.

Les deux droites A B et *a b* prolongées, situées dans une même face, se rencontrent toujours en un même point L de la trace horizontale du plan donné.

Les deux points N, N', où les côtés *a d*, *a' d'* rencontrent les droites M I et P N, sont toujours situés sur une même perpendiculaire à la ligne de terre.

Et enfin la distance P L', comprise entre *a' b'* prolongée, et la ligne P N sur la droite P L', perpendiculaire à P N est toujours égale à la droite M L.

2° Pour effectuer le développement, on mènera une droite quelconque indéfinie *a'' a''*, sur laquelle on portera les côtés *a' b'*, *b' c'*, *c' d'* et *d' a'* de la section droite, successivement de *a''* en *b''*, de *b''* en *c''*, de *c''* en *d''* et de *d''* en *a''* ; puis on élèvera sur la ligne *a'' a''*, et par les points *a''*, *b''*, *c''*, *d''* et *a''* ainsi obtenus, les perpendiculaires indéfinies A'' E'', B'' F'', C'' G''.... On prendra la distance *i' E'* que l'on portera sur la première, de *a''* en E'', on portera ensuite *l' F'* sur la deuxième, de *b''* en F''; puis *m' G'* sur la troisième de *c''* en G''; *k' H'* sur la quatrième, de *d''* en H''; et, enfin, la dernière distance *i' E'* sur la dernière perpendiculaire de *a''* en E''. Il ne s'agira plus, pour compléter le développement, que de porter la longueur de l'une quelconque A' E'' des arêtes sur chacune de ces perpendiculaires de E'' en A'', de F'' en B'', de G'' en C'', de H'' en D'', et enfin de E'' en A'' : la figure A'' B'' C'' D'' A'' E'' H'' G'' F'' E'', formée en joignant les points déterminés de cette manière par des droites, sera le développement demandé.

Le côté A'' B'' prolongé, rencontre la droite *a'' a''* aussi prolongée en un point L'', distant de *a''* d'une quantité *a'' L''* égale à *a' L'*.

PROBLÈME 59.

Les deux projections A B C D E F G H, A' D' S', fig. 68, d'une pyramide régulière étant données, déterminer :

1° Les deux projections de la section faite dans cette pyramide par le plan N P M perpendiculaire au plan vertical, ainsi que la véritable grandeur de cette section.

2° Le développement de la surface de la pyramide, sur lequel on indiquera la section transformée.

Solution. 1° La projection verticale de la section demandée, sera représentée par la partie $k'n'$ de la trace verticale du plan donné, comprise entre les deux droites S' A' et S' D'.

Pour déterminer la projection horizontale, on abaissera sur la ligne de terre, et par les points k', l', m' et n', les perpendiculaires indéfinies $k'a$, $l'b$, $m'c$ et $n'd$, qui rencontreront les projections horizontales S a, S b, S c, S d, S e, S f, S g et S h des arêtes, aux points a, b, c, d, e, f, g et h. Ces points, étant joints par des droites, détermineront la projection horizontale $abcdefgh$ demandée.

On déterminera la véritable grandeur de cette section en menant dans le plan coupant, par le point où l'axe du cône le rencontre, la droite I M parallèlement au plan vertical; puis, élevant par les points k', l', m' et n' les perpendiculaires $a'h'$, $b'g'$, $c'f'$ et $d'e'$ sur la droite N P, et portant les distances ka, lb, mc et nd de chaque côté de cette ligne sur ces perpendiculaires de k' en a' et de k' en h', de l' en b' et de l' en g', de m' en c' et de m' en f, et enfin de n' en d' et de n' en e'; la figure $a'b'c'd'e'f'g'h'$ ainsi déterminée sera la véritable grandeur demandée.

Les droites C D et cd prolongées, se rencontrent en un même point L de la trace horizontale du plan sécant.

Les points K et K', où les droites cd et $c'd'$ prolongées rencontrent les droites I M et N P sont toujours situées sur une même perpendiculaire à la ligne de terre.

Pour trouver les véritables longueurs des arêtes et de leurs parties, du point S comme centre, et avec le rayon S H, on décrira l'arc de cercle H I, qui rencontrera la droite. I M en I, par ce point, on élèvera sur la ligne de terre la perpendiculaire I H', et l'on tracera S' H'; puis on mènera, par les points k', l', m' et n' les horizontales $k'k''$, $l'l''$, $m'm''$ et $n'n''$, qui rencontreront la droite S' H' aux points k'', l'', m'' et n''. Cette droite et les distances comprises entre ces points et le point S' seront les véritables grandeurs demandées.

Pour le développement, on décrira d'un point quelconque S'', et avec un rayon égal à S' H', un arc de cercle indéfini A" B" C" D", sur lequel on portera un côté quelconque A B de la base autant de fois de suite qu'il y est contenu, de A" en B", de B" en C", de C" en D", de D" en E"....; puis l'on joindra ces points avec le point S" par les droites S" A", S" C", S" D", S" E"...., qui détermineront avec A" B" C" D".... le développement demandé.

Pour la section transformée, on prendra la distance S' k", que l'on portera de S" en a", de S" en a" et de S" en h". On portera de même la distance S' l" de S" en b" et de S" en g"; la distance S' m" de S" en c" et de S" en f"; et, enfin, la distance S' n" de S" en d" et de S" en e", la ligné brisée a", b", c", d", e", f", g", h" et a", déterminée en joignant les points ainsi obtenus par des droites, sera la section demandée.

Le prolongement du côté c" d" rencontre la droite C" D" aussi prolongée en un point L', distant de D" d'une quantité D" L' égale à D L.

<h3 align="center">PROBLÈME 60.</h3>

Les deux projections S A B C, S' A' B' C', fig. 69, d'un tétraèdre étant données, ainsi que les deux traces N P, P M, d'un plan perpendiculaire au plan vertical, déterminer :

1° Les deux projections de la section du tétraèdre par ce plan et la véritable grandeur de cette section.

2° Le développement de la surface du tétraèdre, sur lequel on indiquera la section transformée.

Solution. On abaissera sur la ligne de terre, par les points de rencontre i', k' et l' des droites S' A', S' C', S' B' avec la trace verticale P N, les perpendiculaires indéfinies $i'a$, $k'c$, $l'b$, qui rencontreront les projections horizontales des arêtes S A, S C, S B aux points a, c, b, lesquels, étant réunis par des droites, détermineront la projection horizontale $a b c$ de la section demandée.

La projection verticale de cette section sera représentée par la partie i' l' de la trace verticale du plan donné.

Pour la véritable grandeur de la section, on mènera dans le plan coupant la droite indéfinie M K parallèlement au plan vertical; puis on élèvera sur la trace vertical P N, et par les points i', k' et l', les perpendiculaires $i'a'$, k' c' et

i' b', que l'on fera respectivement égales aux distances $i a$, $k c$ et $l b$, comptés à partir de MK, la figure a' b' c' formée en joignant les points a', b', c', par des droites, sera la véritable grandeur demandée.

Les deux droites AB et ab prolongées se rencontrent toujours en un même point L de la trace horizontale PM.

Les deux points K et K', où les côtés ab et a' b' rencontrent les droites MK, PN sont toujours sur une même perpendiculaire à la ligne de terre.

2° Pour le développement, on tirera par le point S la droite SB, parallèle à la ligne de terre, sur laquelle on portera les projections horizontales SA, SB et SC des arêtes de S en A, de S en B, et de S en C,; puis on élèvera par ces points A,, B,, C,, les perpendiculaires A,A,,, B,B,,, C,C,, sur la ligne de terre, et l'on mènera par les points i', k' et l' les horizontales i' a', k' c', l' b', qui rencontreront en a', c' et b' les droites S'A,,, S'C,,, S'B,,, menées du sommet S' aux points A,,, C,, et B,,. Maintenant, par un point quelconque S'' on mènera la droite S''C'' égale à S'C,,; puis du point S'', avec un rayon égal à S'A,,, on décrira un arc de cercle indéfini que viendra rencontrer en A'' un second arc décrit du point C'' comme centre avec un rayon C''A'' égal à CA; on joindra ce point A'' avec les points C'' et S'' par les droites A''C'', A''S''; on décrira ensuite sur S''A'', et avec les côtés S''B'', A''B'', égaux chacun à chacun aux droites S'B,, et AB, le triangle S''A''B'' de la même manière; et, enfin, on construira sur S''B'', et avec les côtés S''C'', B''C'' respectivement égaux aux droites S'C,, et BC, le dernier triangle S''B''C'', qui complètera, avec les deux précédens, le développement S''C''A''B''C'' demandé.

On obtiendra la section transformée en portant les distances S'c', S'a', S'b' et S'c' sur les droites S''C'', S''A'', S''B'' et S''C'' de S'' en c'', de S'' en a'', de S'' en b'' et de S'' en c''. La ligne brisée c'' a'' b'' c'', déterminée en joignant ces points par des droites, sera la section demandée.

Les deux droites a'' b'', A''B'' prolongées, se rencontrent en un point L', situé à une distance de A'' égale à AL.

PROBLÈME 61.

Les deux projections, fig. 70, d'un cylindre droit à base circulaire étant données, ainsi que les deux traces N P, P M, d'un plan perpendiculaire au plan vertical, déterminer :

1° La véritable grandeur de la section faite dans le cylindre par ce plan.

2° Le développement de la surface du cylindre et la section transformée.

Solution. 1° Dans ce cas comme dans celui que nous avons déjà examiné, *problème* 57, la section demandée aura pour projection horizontale la base A B C D.... du cylindre donné, et pour projection verticale la partie $i'p'$ de la trace verticale comprise entre les deux génératrices l'S', F'T'. On trouvera la véritable grandeur de cette section en menant dans le plan donné, par le point où l'axe du cylindre le rencontre, la droite I M parallèle au plan vertical, et élevant par les points i', k', l', m', n' et o' des perpendiculaires sur la droite $i'p'$, sur lesquelles on portera successivement les distances k A, l B, m C, n D et o E; de k' en a et de k' en r, de l' en b et de l' en o; de m' en c et en j, de n' en d et en h; et enfin de o' en e et en g; la courbe tracée à la main par tous les points a, b, c, d, e.... ainsi obtenus, sera la véritable grandeur demandée.

Proposons-nous de mener une tangente à cette courbe en d, pour cela on mènera à la base, par la projection horizontale D de ce point, une tangente DL, qui ira rencontrer la droite I M en un point K. Par ce point, on mènera à la ligne de terre la perpendiculaire indéfinie K K', qui rencontrera N P en un point K'; la droite dK', menée par les deux points d et K', sera la tangente demandée.

2° Le développement s'obtiendra en portant sur une droite indéfinie I" I", et à la suite les unes des autres les longueurs des douze arcs I A, A B, B C, C D, D E.... de I" en A", de A" en B", de B" en C", de C" en D", de D" en E"....; on mènera ensuite sur cette droite, et par chacun de ces points, les perpendiculaires I"I''', A"A''', B"B''', C"C''', D"D''', E"E'''.... que l'on terminera à la droite I'''I'" menée parallèlement à I"I" et à une distance I"I''" égale à I' S' : le rectangle I" I" I'" I'", construit de cette manière, sera le développement demandé.

Pour la section transformée, on prendra la distance F' p', que l'on portera de F" en f' ; on portera ensuite la distance suivante E' o' de chaque côté de F" f', de E" en e' et de G" en g' ; on portera de même successivement les autres distances D' n', C' m', B' l', A' k' et I' i' de D" en d' et de H" en h', de C" en c' et de J" en j'...... La courbe i' a' b' c' d' e' f' g' h' j' o' r' l', menée à la main par tous ces points, sera la section demandée.

Il est important de remarquer que le point d' de la section transformée correspond à celui que nous avons déjà considéré sur le cylindre, et dont les projections sont situées en D et n'. On mènera une tangente à cette courbe i' a' b' o' d'...... par le point d', en portant la partie DL de la tangente comprise entre le point de contact D et la trace horizontale P M, de D" en L'; la droite d' L', menée par les deux points d' et L', sera la tangente demandée.

PROBLÈME 62.

Les deux projections, fig. 71, d'un cylindre oblique dont les génératrices sont parallèles au plan vertical étant données, ainsi que les deux traces N P, P M d'un plan perpendiculaire à ces génératrices, déterminer :

1° Les deux projections de l'intersection du cylindre par ce plan et la véritable grandeur de cette section.

2° Le développement de la surface du cylindre sur lequel on indiquera la section transformée.

Solution. 1° On abaissera sur la ligne de terre, par les points de rencontre i', k', l', m', n', o' et f' des projections verticales des génératrices avec la trace verticale PN, les perpendiculaires indéfinies i' i, k' k, l' l, m' m, n' n, o' o et f f, qui rencontreront les projections horizontales des mêmes génératrices aux points i, a, b, c, d, e, f, g, h, j, o et g; la courbe a b c d e f...., menée à la main par tous ces points, sera la projection horizontale de la section.

La projection verticale de cette section se confond avec la partie f' i' de la trace verticale du plan donné.

On trouvera la tangente au point d de la projection ho-

rizontale, en menant par le point de rencontre D de la génératrice d D avec la base, la tangente D L à cette base,
que l'on prolongera jusqu'à la rencontre de la trace horizontale P M en L; la droite Ld, menée par les deux points L
et d, sera la tangente demandée.

On obtiendra la véritable grandeur de la section, en menant dans le plan donné par le point où l'axe du cylindre le
rencontre, la droite I M parallèle au plan vertical; puis, prenant les longueurs ka, lb, mc, nd et oe, pour les porter
de chaque côté de N P sur les projections des génératrices
de k' en a' et de k' en q', de l' en b' et de l' en o', de m' en
c' et de m' en j', de n' en d' et de n' en h', et enfin de o'
en e' et de o' en g', la courbe $a'b'c'd'e'f'g'h'j'o'q'i'$,
menée à la main par tous ces points, sera la véritable grandeur demandée.

Cette section, faite par un plan perpendiculaire aux génératrices, se nomme *section droite*.

Pour mener une tangente à cette courbe par le point d',
correspondant au point d de la projection horizontale, on
mènera par le point K, où la tangente dL rencontre la droite
I M, la perpendiculaire indéfinie K K', qui rencontrera la
droite P N en K' : la droite K'd', menée par les deux points
K' et d', sera la tangente demandée.

2° Pour obtenir le développement, on mènera sur une
droite quelconque indéfinie $f''f''$, la perpendiculaire I'' AL'';
on portera sur cette ligne $f''f''$, et de chaque côté de la perpendiculaire, la longueur de l'arc $i'a'$ de i'' en a'' et de i''
en q''; on portera ensuite l'arc suivant $a'b'$ de a'' en b'' et
de q'' en o''; on portera de même les longueurs des autres
arcs $b'c'$, $c'd'$, $d'e'$ et $e'f'$, à la suite des premiers de b'' en
c'' et de o'' en j'', de c'' en d'' et de j'' en h'', de d'' en e''
et de h'' en g''; et enfin, de e'' en f'' et de g'' en f''; puis
on mènera, par ces différens points, des parallèles à la droite
I'' AL''; on prendra la distance i' I', que l'on portera de i''
en I'', on portera la distance suivante k'A' de chaque
côté de la première, de a'' en A'' et de q'' en Q''; on portera de la même manière les distances l'B', m'C', n'D',
o'E' et f'F', sur les autres génératrices, de b'' en B'' et de
o'' en O'', de c'' en C'' et de j'' en J'', de d'' en D'' et de
h'' en II'', de e'' en E'' et de g'' en G''; et enfin, de f'' en

F" et de f" en F"; ensuite, on prendra la longueur F' X'
de l'une quelconque des génératrices, que l'on portera sur
chacune de ces droites de F" en X", de G" en Y", de H"
en Z", de J" en Æ", de O" en AF"...... Les courbes F" G"
H" J" O" Q" I" A" B" C" D" E" F", X" Y" Z" Æ" AF"
AH" AL" R" S" T" U" V" X", menées à la main par tous
les points ainsi obtenus, complèteront, avec les deux droites
extrêmes F" X", F" X", le développement demandé.

Il est important de remarquer que la droite f" f" n'est
autre chose que la section transformée.

Pour mener la tangente au point D" du développement
correspondant au point D de la projection horizontale, on
prendra la partie D L de la tangente comprise entre le point
de contact D et la trace horizontale P M; puis, avec cette
ligne comme rayon, et du point D" comme centre, on décrira un petit arc de cercle qui rencontrera la droite f" f"
prolongée en L' : la droite L' D", menée par les deux points
L' et D", sera la tangente demandée.

PROBLÈME 63.

*Les deux projections, fig. 72, d'un cône droit à base circu-
laire étant données, ainsi que les deux traces N P, P M d'un
plan perpendiculaire au plan vertical, déterminer :*

*1° Les deux projections de l'intersection du cône par ce
plan, et la véritable grandeur de cette section.*

*2° Le développement de la surface du cône avec la section
transformée.*

Solution. 1° On abaissera sur la ligne de terre, par tous
les points i', k', l', m', n', p' et q', où la trace verticale N P rencontre la projection verticale des génératrices, les perpendiculaires indéfinies $i' i$, $k' k$, $l' l$, $n' n$, $p' p$ et $q' q$, qui rencontreront les projections horizontales des mêmes généra-
trices aux points i, a, b, c, d, e, q, g, h, j o et q, par lesquels,
et à la main, on fera passer une courbe, qui sera la projec-
tion horizontale demandée.

La projection verticale sera représentée par la partie
i' q' de la trace verticale comprise entre les deux droites
S' I' et S' F'.

Pour déterminer la tangente au point d, on mènera par le point D, où la génératrice S D rencontre la base, la tangente D L, que l'on prolongera jusqu'à la trace horizontale P M en L : la droite d L, menée par les deux points d et L, sera la tangente demandée.

Pour la véritable grandeur, on mènera par le point où l'axe du cône rencontre le plan donné, et, dans ce plan, la droite I M parallèle au plan vertical; puis on élèvera sur la droite N P, et par les points k', l', m', n' et p', les perpendiculaires a' p', b' o', c' j', d' h' et e' g', sur lesquelles on portera successivement les distances ka, lb, Sc, nd et pe de chaque côté de N P; de k' en a' et de k' en p', de l' en b' et de l' en o', de m' en c' et de m' en j', de n' en d' et de n' en h', et enfin, de p' en e' et de p' en g' : la courbe i' a' b' c' d' e' q' g' h' j' o' p', menée à la main par tous ces points, sera la véritable grandeur demandée.

La tangente au point d', correspondant au point d, s'obtiendra en menant à la ligne de terre par le point K, où la tangente d L coupe I M, la perpendiculaire K K', que l'on prolongera jusqu'à la rencontre de N P en K' : la droite d' K', menée par les deux points d' et K', sera la tangente demandée.

2° Pour obtenir le développement, on décrira d'un point quelconque S'', comme centre, et avec un rayon S'' I'' égal à S' I', l'arc de cercle indéfini I'' A'' B'' C'' D''...., sur lequel on portera successivement les douze distances I A, A B, B C, C D.... de I'' en A'', de A'' en B'', de B'' en C'', de C'' en D''....; puis on mènera, par chacun de ces points et le point S'', les douze droites S'' I'', S'' A'', S'' B'', S'' C'', S'' D'', S'' E''...., qui complèteront, avec l'arc I'' A'' B'' C''...., le développement demandé.

Maintenant on mènera par les points k', l', m', n', p', q', les droites k' k'', l' l'', m' m'', n' n'', p' p'' et q' q'', parallèlement à la ligne de terre ; on prendra la distance S' q'', que l'on portera sur la droite S'' F'' de S'' en f'', on prendra de même S' p'', que l'on portera de chaque côté de S'' F'', de S'' en e'' et de S'' en g'', on portera de la même manière les autres distances S' n'', S' m'', S' l'', S' k'' et S' i'', de S'' en d'' et de S'' en h'', de S'' en c'' et de S'' en j'', de S'' en b'' et de S'' en o'', de S'' en a'' et de S'' en r'', et enfin, de S'' en i'' et de S'' en r''. La courbe i'' a'' b'' c'' d'' e'' f'' g''

h'' j'' o'' r'' i'', menée à la main par les points ainsi obtenus, représentera la section transformée.

La tangente à cette section au point *d''*, correspondant
au point *d* s'obtiendra en menant par l'extrémité D'' de la
droite S'' D'', la tangente indéfinie D'' L', sur laquelle on
portera la distance D L de D'' en L' : la droite L' *d''*, menée par les deux points L' et *d''*, sera la tangente demandée.

PROBLÈME 64.

Les deux projections, fig. 73, *d'un cône oblique à base
circulaire étant données, ainsi que les deux traces N P, P M
d'un plan perpendiculaire au plan vertical, déterminer :*

1° *Les deux projections de la section du cône par ce plan,
ainsi que la véritable grandeur de cette section.*

2° *Le développement de la surface du cône sur lequel on indiquera la section transformée.*

Solution. 1° Pour plus de simplicité, on disposera le cône
de manière à ce que la droite, menée du sommet au centre
de la base, soit parallèle au plan vertical.

Dans ce cas, comme dans le précédent, la projection verticale de la section se confondra avec la partie *i' f'* de la
trace verticale du plan donné.

Pour déterminer la projection horizontale, on abaissera
sur la ligne de terre, par tous les points *i', k', l', m', n', p'* et
f', ou les projections verticales des génératrices sont coupées
par N P, les perpendiculaires indéfinies *i' i, k' a, l' b, m' c,
n' d, p' e* et *f' f*, qui rencontreront les projections horizontales des mêmes génératrices aux points *i, a, b, c, d, e, f, g, h
j, o* et *q*; la courbe *i a b c d e f g h j o q*, menée à la main par
tous ces points, sera la projection horizontale demandée.

Pour mener une tangente à cette courbe par le point *d*,
on prolongera la droite S *d* jusqu'à la base en D; on mènera
à cette base, et par ce point, la tangente D L, que l'on arrêtera à la trace horizontale P M : la droite L *d*, menée par
les deux points L et *d*, sera la tangente demandée.

Déterminons maintenant la véritable grandeur de la section proposée. Pour cela, on élèvera sur la droite P N, et
par les points *k', l', m', n'* et *p'* les perpendiculaires *n' q',*

$b' o'$, $c' f'$, $d' h'$ et $e' g'$, sur lesquelles on portera successivement les distances ka, lb, mc, nd et pe, comptées à partir d'une droite I M, menée comme dans les problèmes précédens; de chaque côté de P N, de k' en a' et de k' en q', de l' en b' et de l' en o', de m' en c' et de m' en j', de n' en d' et de n' en h', et enfin de p' en e' et de p' en g' : la courbe $a' b' c' d' e' f' g' h' j' o' q' i'$, menée à la main par tous ces points, sera la véritable grandeur demandée.

La tangente au point d', correspondant au point d, s'obtiendra en élevant par le point K, où la tangente d L coupe I M, la perpendiculaire K K', qui rencontrera la droite P N en K' : la droite K' d', menée par les deux points K' et d', sera la tangente demandée.

Pour trouver les véritables grandeurs des génératrices et celles de leurs parties, on portera les longueurs des projections horizontales S F, S G, S H, S J, S O, S Q et S I, à partir du point S sur la droite I M de S en F', de S en G', de S en H'......; puis, par les extrémités F', G', H', J', O', Q' et I' de ces droites, on élèvera sur la ligne de terre les perpendiculaires F' F'', G' G'', H' H'', J' J'', O' O'', Q' Q'' et I' I''. On joindra les points F'', G'', H'', J'', O'', Q'' et I'', ainsi obtenus, avec le sommet S', par les droites S' F'', S' G'', S' H''.....; on mènera ensuite par les points i', k', l', m', n', p' et f', les horizontales $i' i''$, $k' k''$, $l' l''$, $m' m''$, $n' n''$, $p' p''$ et $f' f''$, qui détermineront sur les véritables longueurs correspondantes S' F'', S' G'', S' H''....., trouvées ci-dessus, celles des parties S' f'', S' p'', S' n''..., comprises entre le sommet et le plan donné.

2° Pour trouver le développement, on mènera une droite quelconque S'' F'', que l'on fera égale à S' F''; du point F'' comme centre, et avec un rayon égal à F G, on décrira deux petits arcs de cercle que viendront rencontrer en G'' et E'' deux autres arcs décrits du point S'', avec un rayon égal à S' G''; on décrira ensuite de ces points G'' et E'', avec un rayon égal à G H, deux arcs de cercle indéfinis; puis du point S'', et avec le rayon S' H'', on en décrira deux autres qui viendront les couper aux points H'' et D''; de ces points, et avec un rayon égal à H J, on décrira deux nouveaux arcs, qui rencontreront de même en J'' et C'' deux autres arcs décrits du même point S'' comme centre, avec le rayon S' J''....; les positions relatives des points

suivans O'' et B'', Q'' et A'', I'' et I'', se détermineront
d'une manière analogue, en construisant les triangles
S''J''O'' et S''C''B'', S''O''Q'' et S''B''A'', S''Q''I''
et S''A''I'', au moyen des côtés J O et S'O'', O Q et
S'Q'', Q I et S'I''; on fera passer par tous ces points, et à
la main, une courbe I''A''B''C''D''E''F''...., qui complétera, avec les droites S''I'', S''A'', S''B'', S''C'',
S''D''...., menées de chacun de ces points au point S'', le
développement demandé.

Pour la transformée, on prendra la distance S'f'', que
l'on portera sur S''F'' de S'' en f''; on prendra la distance
suivante S'p'' que l'on portera de chaque côté, de S'' en
g'' et de S'' en e''; on portera de la même manière les autres distances S'n'', S'm'', S'l'', S'k'' et S'i''; de S'' en
h'' et de S'' en d'', de S'' en j'' et de S'' en c''; de S'' en
o'' et de S'' en b'', de S'' en q'' et de S'' en a'', et enfin,
de S'' en i'' et de S'' en i''. La courbe i''a''b''c''d''e''f''
g''h''j''o''q''i'', menée à la main par tous ces points, sera
la transformée demandée.

Pour mener la tangente au point D'' du développement
correspondant au point D de la base du cône, on mènera
sur la ligne de terre, par le point T où la tangente D L
rencontre la ligne I M, la perpendiculaire T T', on joindra
les points S' et T' par la droite S'T'; on prendra ensuite
cette ligne S'T' pour rayon, et du point S'', comme centre,
on décrira un petit arc de cercle que viendra rencontrer en
T'' un second arc de cercle décrit du point D'' avec un
rayon égal à D T : la droite indéfinie T''D'', menée par les
deux points T'' et D'', sera la tangente demandée.

Pour la tangente au point d'' de la transformée, on portera la partie D L de la tangente comprise entre le point de
contact D et le point L, sur la tangente D''T'', de D'' en
L' : la droite d''L', menée par les deux points d'' et L', sera
la tangente demandée.

PROBLÈME 65.

*Les deux projections, fig. 74, d'une sphère étant données,
ainsi que les deux traces N P, P M, d'un plan perpendiculaire
au plan vertical, déterminer les deux projections de la section*

faite dans la sphère par ce plan, et la véritable grandeur de cette section.

Solution. On mènera par le centre C de la projection horizontale la droite I M parallèle à la ligne de terre, et on abaissera sur cette ligne, par les points *n* et *i'*, où la trace N P coupe la projection verticale de la sphère, les perpendiculaires *n d*, *i' i*; on mènera ensuite entre les deux points *i'* et *n*, les horizontales *k p*, *q r* et *m s*, puis on abaissera sur la ligne de terre, et par les points *k*, *q* et *m* où ces droites rencontrent la trace verticale du plan donné, les perpendiculaires indéfinies *k a*, *q b* et *m c*, que viendront rencontrer aux points *a* et *g*, *b* et *f*, *c* et *e*, les cercles décrits du point C comme centre, avec des rayons égaux aux lignes *o p*, *q r* et *i s*; la courbe *i a b c d e f g*, menée à la main par tous les points ainsi obtenus, sera la projection horizontale demandée.

La projection verticale se confondra avec la partie *n i* de la trace verticale du plan donné.

Il est important d'observer que toute section faite dans une sphère par un plan quelconque, est toujours un cercle.

Ainsi, pour déterminer la véritable grandeur de la section proposée, on abaissera par le centre C' de la projection verticale la perpendiculaire C' c' sur la trace N P du plan donné : le cercle décrit du point c' avec le rayon *i' i* sera la véritable grandeur demandée.

Pour mener une tangente au point *c* de la projection horizontale, on élèvera par la projection verticale *m* de ce point, et sur la droite *i' n*, la perpendiculaire *m c'* (qui rencontrera le cercle de section en *c'*; par ce point, on mènera à ce cercle la tangente *c' K'*, qui coupera la droite N P en un point K', par lequel on abaissera sur la droite I M la perpendiculaire K' K : la droite K *c*, menée par le point K ainsi déterminé et le point *c*, sera la tangente demandée.

Dans tout ce qui précède, nous avons toujours supposé le plan coupant perpendiculaire au plan vertical; mais cette hypothèse, quoique particulière dans la théorie, ne devra jamais embarrasser dans la pratique celui qui aura bien saisi l'esprit de la méthode des projections. En effet, il est toujours possible dans l'application de disposer les plans coordonnés de manière à simplifier la question proposée; ainsi, on ramènera tous les cas qui peuvent se présenter à celui que nous avons considéré, en menant la ligne de terre perpendiculairement à la trace horizontale du plan donné. Par cette disposition, le plan sécant se trouvera perpendiculaire au plan vertical, comme dans les exemples précédens.

DES SECTIONS FAITES DANS LE CÔNE PAR UN PLAN.

Maintenant que nous avons exposé, dans les problèmes précédens, le procédé général au moyen duquel on obtient l'intersection d'un cône par un plan, on comprendra facilement les différentes modifications que subit cette section lorsqu'on fait varier d'une manière déterminée la direction du plan sécant.

Soit le cône droit à base circulaire $S\,I''\,C''\,F''\,J''$, *fig.* 75, et imaginons sa surface prolongée au delà du sommet S; tout plan $I\,C\,F\,J$, mené parallèlement à sa base $I''\,C''\,F''\,J''$, coupera ce cône suivant un *cercle* $I\,C\,F\,J$; si ce plan tourne autour d'une droite $C\,J$ perpendiculaire au plan $S\,I''\,F''$ mené par l'axe, la section résultante $I'\,C\,F'\,J$, allongée dans le sens $I'\,F'$, sera une *ellipse*; si le plan continue à se mouvoir dans le même sens, les deux sommets I' et F', où ce plan coupe les deux génératrices $S\,I''$, $S\,F''$, s'éloigneront indéfiniment l'un de l'autre, et les courbes de section seront des ellipses de plus en plus allongées; enfin, il arrivera un moment où le plan coupant ne rencontrera plus la génératrice $S\,F''$; dans cette position, le plan sera parallèle à cette génératrice, et coupera le cône suivant une courbe indéfinie $N''\,C\,I''\,J\,N''$ que l'on nomme *parabole*. Immédiatement en deçà et au delà de cette position, le plan rencontrera toujours la droite $S\,F''$ ou son prolongement, en même tems que la droite $S\,I''$; ces courbes auront par conséquent deux sommets; dans le premier cas, la courbe continue et entièrement située sur l'une des nappes du cône sera, ainsi que nous l'avons déjà vu, une *ellipse*; dans le second cas, au contraire, la section composée de deux courbes opposées et indéfinies, situées sur les deux nappes de la surface, sera ce que l'on appelle une *hyperbole*; ainsi, la *parabole* est comme on le voit, une sorte de lien ou de passage entre ces deux courbes; ou bien elle peut encore être considérée comme la limite des variations de l'une et de l'autre.

Supposons que le plan continue à se mouvoir dans le même sens, on obtiendra une suite d'hyperboles dont les sommets iront en se rapprochant, et dont les branches s'écarteront de plus en plus jusqu'à ce que le plan soit parvenu au sommet; dans ce cas, le cône se trouvera coupé suivant deux génératrices SC^{iv}, SJ^{v}. Si le mouvement se continue au delà de la même manière, on retrouvera les mêmes sections en ordre inverse, c'est-à-dire, que l'on obtiendra des hyperboles $Q^{iv} C I^{iv} J Q^{iv}$, $o^{iv} x^{iv} o^{iv}$, dont les amplitudes diminueront indéfiniment; puis on obtiendra une parabole lorsque le plan sera devenu parallèle à la génératrice SI^{v}, et enfin les sections subséquentes seront des ellipses dont les longueurs diminueront constamment jusqu'à ce que le plan sécant ait atteint sa position primitive I C F J.

Considérons présentement le plan coupant dans sa position $C^{iv} S J^{iv}$, et supposons que le mouvement, au lieu de s'effectuer autour de la droite C J, s'effectue autour du sommet S parallèlement à cette droite. Dans cette circonstance, le cône sera toujours coupé suivant deux génératrices ST^{iv}, ST^{iv}, qui se rapprocheront indéfiniment, et qui, enfin, se confondront en une seule SI^{v}, lorsque le plan sera devenu tangent à la surface conique; au delà, le plan passant par le sommet n'aura plus que ce point de commun avec cette surface, jusqu'au moment où il la touchera de nouveau suivant la génératrice SF^{v}.

Il suit de là que l'on peut couper un cône par un plan de six manières différentes.

En effet, lorsque le plan passe par le sommet S sans couper la surface, la section se réduit à un *point*.

Lorsque le plan est tangent au cône, la section se réduit à une *ligne droite* SI^{v} ou SF^{v}.

Lorsque le plan rencontre la surface sans passer par le sommet, la section est une *ellipse* I' C F' J, une *parabole* N" CI" JN" ou une *hyperbole* $Q^{iv} C I^{iv} J Q^{iv}$, $o^{iv} x^{iv} o^{iv}$; suivant que le plan coupe entièrement une des nappes, ou qu'il est parallèle au plan tangent, ou enfin, qu'il rencontre à la fois les deux nappes opposées du cône.

Les droites IF, I'F', I''G, SH et I''K, suivant lesquelles ces différens plans sécans sont coupés par le plan I''SF'', mené par l'axe perpendiculairement à chacun d'eux, divisant les sections symétriquement, ou en deux parties égales, mais inverses l'une de l'autre, sont appelées *axes principaux*.

Il est important de remarquer que le *cercle* ne forme pas une nouvelle section avec celles que nous venons d'énumérer, car il n'est qu'un cas particulier de l'ellipse.

Les courbes N'' C I'' J N'', Q^{IV} C I^{IV} J Q^{IV} et o^{IV} x^{IV} o^{IV}, quoique indéfinies, et situées sur la même surface conique, ont entre elles des différences qu'il est important de connaître. Dans la première, les deux branches I'' C N'', I'' J N'', malgré leur tendance à s'éloigner de l'axe I''G, se resserrent néanmoins de plus en plus, et tendent sans cesse à devenir parallèles à cet axe. Dans la deuxième, au contraire, les deux branches I^{IV} C Q^{IV} et I^{IV} J Q^{IV}, x^{IV} o^{IV} et x^{IV} o^{IV} se rapprochent indéfiniment de la droite X^{IV} t^{IV}, X^{IV}t^{IV}, menée par le milieu X^{IV} de la distance des deux sommets I^{IV} et x^{IV}, parallèlement aux deux génératrices S T'' et S T^{IV}, comprises dans le plan T'' S T^{IV}, passant par le point S, et parallèle au plan de la section.

Ces deux droites X^{IV} t^{IV}, X^{IV}t^{IV}, entre lesquelles les branches de l'hyperbole se trouvent comprises, et dont elles se rapprochent de plus en plus sans jamais les rencontrer, se nomment *asymptotes*.

PROBLÈME 66.

Les deux projections, fig. 76, *d'un cône droit à base circulaire étant données, déterminer :*

1° *Les projections de l'intersection de ce cône par un plan mené par l'axe perpendiculairement aux deux plans coordonnés, et dont les traces sont représentées par les droites S'C' et C'C.*

2° *Les projections de l'intersection de ce cône par un plan perpendiculaire au plan vertical, et dont les traces sont les droites* i' P *et* P M.

3° *Les projections de l'intersection de ce même cône par un plan parallèle à sa base, sa trace verticale étant représentée par* J'' C''.

4° *Les véritables grandeurs de ces diverses sections.*

5° *Et enfin, le développement de la surface conique, sur lequel on indiquera les sections transformées.*

Solution. 1° Le plan sécant étant perpendiculaire aux deux plans de projection, les projections verticales des génératrices suivant lesquelles le cône est coupé par ce plan sécant, sont représentées par la partie S'C' de sa trace verticale, et les projections horizontales des mêmes génératrices par la partie J C de la trace horizontale.

2° Le plan proposé étant perpendiculaire au plan vertical, la projection verticale de la section se confondra avec la partie i'f de sa trace verticale. Pour obtenir la projection horizontale, on abaissera, par les points i', k', l', n', p' et f' sur la ligne de terre les perpendiculaires i'i, k'a, l'b, n'd, p'e et f'f, qui rencontreront les projections horizontales des génératrices correspondantes aux points i, a, b, d, e, f, g, h, o, q, par lesquels on fera passer à la main *l'ellipse* a b c d e f g h j o q i, qui sera la projection horizontale de la section demandée.

Pour trouver les projections horizontales c et j des points de la courbe qui n'ont pu être déterminés par la méthode précédente, on mènera, par la projection verticale m' de ces points, l'horizontale J'' C''; puis, du point S comme centre, et avec un rayon égal à m' J'', on décrira un cercle qui déterminera sur les droites S C, S J, les projections horizontales c et j demandées.

La tangente au point d de la projection horizontale s'obtiendra comme dans le *problème* 62.

3° La projection verticale de l'intersection du cône par un plan horizontal se confondra, comme dans les exemples précédens, avec la partie J'' C'' de sa trace verticale; le cercle J c C' j, décrit du point S comme centre, avec un rayon égal à m'J'', représentera la projection horizontale de la même section.

4° La véritable grandeur de la première section, ou le triangle par l'axe s'obtiendra en élevant sur la ligne de terre prolongée la perpendiculaire indéfinie S″ M', que l'on arrêtera à l'horizontale S' S″; on portera ensuite, de chaque côté de cette perpendiculaire, les distances égales S C et S J; les droites S″ C″, S″ J″, menées du point S″ aux points C″ et J″ ainsi déterminés, formeront, avec la droite C″ J″ le triangle par l'axe demandé.

Pour obtenir la véritable forme de l'ellipse de la deuxième section, du point m' comme centre, et avec les longueurs m'i', m'k', m'l', m'n', m'p' et m'f', pour rayon, on décrira des arcs de cercle qui rencontreront la droite S'C' aux points i‴, k‴, l‴, n‴, p‴ et f‴; par ces points, ainsi que par le centre m', on mènera les horizontales indéfinies i‴ i⁗, k‴ k⁗, l‴ l⁗, m'm″, n‴ n⁗, p‴ p⁗ et f‴ f⁗; puis on prendra, comme dans les exemples précédens, les distances k a, l b, S c, n d et p e, que l'on portera successivement sur chacune de ces horizontales, de chaque côté de S″ M', de k⁗ en a' et de k⁗ en q', de l⁗ en b' et de l⁗ en o', de m″ en c' et de m″ en j', de n⁗ en d' et de n⁗ en h', et enfin, de p⁗ en e' et de p⁗ en g' : l'ellipse a' b' c' d' e' f' g' h' j' o' q' i‴, menée à la main par les points ainsi obtenus, sera la véritable grandeur demandée.

Pour mener une tangente à cette section par le point d', correspondant au point d de la projection horizontale, du point m' comme centre, et avec le rayon m'P, on décrira un arc qui rencontrera la droite S'C' en P'; par ce point on mènera l'horizontale indéfinie P'M'; puis on portera sur cette ligne, à partir de S″ M', la distance ML de M' en L' ; la droite L'd', menée par les deux points L' et d', sera la tangente demandée.

Enfin, le cercle J⁗ c' C⁗ j', décrit du point m″ comme centre, avec un rayon égal à m'J″, représentera la véritable grandeur demandée de la troisième section.

Toutes les fois que les plans sécans passeront par une même ligne droite, comme dans cet exemple, les sections se couperont toujours aux mêmes points de cette ligne, et elles ne cesseront pas de passer par ces points lorsque l'on fera tourner ces plans autour de cette droite, pour obtenir les véritables grandeurs demandées.

5° Maintenant, pour construire le développement d'un point quelconque S" comme centre, et avec un rayon égal à la génératrice S'I', on décrira un arc de cercle indéfini ; puis on portera successivement de chaque côté d'un point I" de cet arc les six distances I A, A B, B C, C D, D E et E F, qui détermineront les points I", A", Q", B", O", C", J", D", H", E", G", F" et F" par lesquels, et le point S", on mènera les droites S"I", S"A", S"Q", S"B", S"O"... La figure S"F"J"I"C"F", formée de cette manière, sera le développement demandé.

Les deux droites S"C", S"J", menées du point S" aux deux points C" et J" correspondans aux points C et J de la base du cône, représenteront sur le développement la projection des deux génératrices suivant lesquelles cette surface est coupée par le premier plan sécant.

Pour la deuxième transformée , on mènera par les points k', l', m', n' et p' les horizontales k' k'', l' l'', m' J", n' n'' et p' p'', on prendra la distance S'i' que l'on portera sur S"I" de S"en i''; on prendra ensuite les distances suivantes S'k'', S'l'', S'J", S'n'', S'p'' et S'f que l'on portera successivement de chaque côté de S"I", de S' en a'' et de S" en q'', de S" en b'' et de S" en o'', de S" en c' et de S" en j''..., et enfin, de S" en f'' et de S" en f''. La courbe f'' g'' h'' j'' o'' q'' i'' a'' b'' c'' d'' e'' f'' , menée à la main par tous ces points , sera la section transformée correspondante au deuxième plan sécant.

Pour obtenir la tangente au point d'' de cette section correspondant au point d de la projection horizontale du cône, on mènera, par l'extrémité D" de la génératrice passant par ce point, la tangente D"L', que l'on fera égale à D L : la droite L'd'', menée par les deux points L' et d'', sera la tangente demandée.

L'arc de cercle C" j'' J" c'' C", décrit du point S" comme centre, et avec un rayon égal à S'J", sera la transformée relative à la troisième section.

Il est important d'observer que les trois transformées se coupent aux mêmes points j'' et c'' du développement.

PROBLÈME 67.

Les deux projections , fig. 77, d'un cône droit à base circulaire étant données , déterminer :

1° *La projection de l'intersection de ce cône par un plan parallèle à S'F', et perpendiculaire au plan vertical. Les traces verticale et horizontale de ce plan sont les droites i' n' et n'n.*

2° *Les projections de l'intersection de ce même cône par un plan rencontrant à la fois ses deux nappes, et perpendiculaire au plan vertical. Les traces de ce plan sont représentées par les droites Q' q' et q' q".*

3° *Les véritables grandeurs de ces sections.*

4° *Enfin le développement de la surface conique, sur lequel on indiquera les sections transformées.*

Solution. 1° La projection verticale de l'intersection demandée se confondra, comme dans les exemples précédens, avec la partie i' n' de la trace verticale du plan coupant. Pour obtenir la projection horizontale, on abaissera par les points i', k", l" et n', sur la droite I' F', les perpendiculaires indéfinies i' i, k" a, l" b et n' n, qui rencontreront les génératrices correspondantes et la base en des points par lesquels, et à la main, on fera passer la parabole n c b a i q o j n, qui sera la projection horizontale de la section demandée.

Pour trouver les projections horizontales c et j, dont m" est la projection verticale, on mènera par ce point m" l'horizontale j' c", que l'on arrêtera aux droites S' I' et S' F'. Du point S comme centre, et avec un rayon égal à m" j", on décrira un cercle qui coupera les droites S C et S J aux points c et j demandés.

Pour déterminer la tangente au point o de la projection horizontale, on mènera à la base, par l'extrémité O de la génératrice passant par ce point, la tangente O L', qui rencontrera la trace horizontale n' n du plan sécant en L' : la droite o L', menée par les deux points o et L', sera la tangente demandée.

2° La projection verticale de la deuxième section se confondra avec la partie f q' de la trace verticale du plan donné. Pour la projection horizontale, par les points f' p'', v'' et q', où la droite $f'q'$ rencontre les projections verticales des génératrices, on abaissera sur la ligne de terre, des perpendiculaires indéfinies qui iront rencontrer les projections horizontales des génératrices correspondantes en des points q'', d, e, f, g, h et q'' : l'hyperbole $q''\,c\,d\,e\,f\,g\,h\,j\,q''$, menée à la main par tous ces points, sera la projection horizontale demandée.

Les projections horizontales c et j se détermineront dans ce cas comme dans l'exemple précédent.

La tangente au point d s'obtiendra en menant à la base, par l'extrémité D de la génératrice passant par ce point, la tangente D L, qui rencontrera la trace horizontale $q'\,q''$ en un point L, et faisant passer par ce point et le point d la droite d L, qui sera la tangente demandée.

Pour déterminer les projections horizontales des asymptotes, on mènera par le sommet un plan S' T'' parallèle au plan de la section. Ce plan coupera le cône suivant deux génératrices qui seront parallèles aux asymptotes demandées. Les projections horizontales ST, ST' de ces génératrices s'obtiendront en joignant le point S avec les points T et T', où la trace horizontale T''T rencontre la base du cône, par des droites ; puis menant à cette base, et par ces points T et T', les tangentes T't', Tt', que l'on prolongera jusqu'à ce qu'elles rencontrent la trace horizontale $q'\,q''$ aux points t' et t', les droites t'X et t'X, menées par ces points parallèlement aux lignes ST et ST, seront les projections horizontales des asymptotes demandées.

Le milieu X' de la distance f' Q' et le point X, sont sur une même perpendiculaire à la ligne de terre.

3° Pour obtenir la véritable grandeur de la parabole de la première section, on élèvera, sur la ligne de terre prolongée, la perpendiculaire indéfinie n'' X'' ; puis du point m''' comme centre, et avec les rayons $m'''\,i'$, $m'''\,k''$, $m'''\,l'$ et $m'''\,n'$, on décrira des arcs de cercle qui rencontreront la verticale S' C' aux points i''', k''', l''' et n''' par lesquels, ainsi que par le centre m''', on mènera les horizontales indéfinies $i'''\,i''$, $k'''\,k''$, $l'''\,l''$, $m'''\,m''$ et $n'''\,n''$; on portera ensuite successivement les distances $k\,a$, $l\,b$, S c et M' n sur chacune de ces lignes de chaque côté de n'' X'', de k''

en a' et de k'' en q', de l'' en b' et de l'' en c', de m'' en c' et de m'' en j', et enfin, de n'' en n' et de n'' en n'; la courbe n' c' b' a' i'' q' c' j' et n', menée à la main par tous les points ainsi obtenus, sera la parabole demandée.

La tangente au point b', correspondant au point o de la projection horizontale, s'obtiendra en prenant la distance M' L' pour la porter sur n'' n' prolongée, de n'' en L''', la droite L''' b', menée par les deux points L''' et b', sera la tangente demandée.

Pour trouver la véritable grandeur de l'hyperbole de la deuxième section, on décrira du point m''' comme centre, et avec les rayons m''' f', m''' p'', m''' o'' et m''' q', des arcs de cercle qui rencontreront la verticale S' C' en des points f''', p''', o''' et q'''. Par ces points, ainsi que par le point m''', on mènera parallèlement à la ligne de terre les droites indéfinies f''' f', p''' p'', o''' o'', m''' m'' et q''' q'', on portera ensuite successivement sur chacune de ces lignes, et de chaque côté de la perpendiculaire n'' X'', les distances p e, o d, S c et M q'', de p'' en e' et de p'' en g', de o'' en d' et de o'' en h', de m'' en c' et de m'' en j'; et enfin, de q'' en p'' et de q'' en p''. L'hyperbole, menée à la main par tous ces points, sera la véritable grandeur demandée.

Pour déterminer la tangente au point h' correspondant au point d de la projection horizontale, on prendra la distance M L, que l'on portera sur q'' p'' de q'' en L''. La droite L'' h', menée par les deux points L'' et h', sera la tangente demandée.

Pour obtenir les asymptotes, on divisera la distance f' Q' en deux parties égales au point X'; puis du point m''' comme centre, et avec la distance m''' X' pour rayon, on décrira l'arc de cercle X' X''', qui coupera S' C' prolongée en X'''; on mènera ensuite par le point X''' l'horizontale X''' X'', jusqu'à la rencontre de la perpendiculaire n'' X'', en X'', et l'on portera la distance M t' de o'' en t et de o'' en t; les droites X'' t, X'' t, menées par les points ainsi déterminés, seront les asymptotes demandées.

4° Enfin, pour obtenir le développement de la section du cône, on opérera comme il a été dit dans les problèmes précédens.

Maintenant, pour construire sur ces développemens la transformée de la première section, on mènera d'abord, par les points k'', l'' et m''' les horizontales $k''k_{u}$, $l''l_{u}$ et $m'''J''$; puis on prendra les distances $S'i'$, $S'k_{u}$, $S'l_{u}$ et $S'J''$, que l'on portera successivement sur le développement de S'' en i'' et de S'' en i'', de S'' en a'' et de S'' en q'', de S'' en b'' et de S'' en o'', de S'' en c'' et de S'' en j''. On prendra ensuite sur la base du cône la distance Dn, que l'on portera sur l'arc du développement de D'' en n'' et de H en n''. Les courbes $i''a''b''c''n''$, $i''q''o''j''n''$, tracées à la main par tous ces points, représenteront les deux moitiés de la première transformée.

Pour obtenir la tangente au point o'' de cette transformée, correspondant au point o de la projection horizontale, on mènera à l'extrémité O'' de la génératrice passant par ce point, une tangente $O''L'$ que l'on fera égale à la ligne OL'. La droite $o''L'$, menée par les deux points o'' et L', sera la tangente demandée.

Pour déterminer la transformée de la deuxième section, par les points p'', o'' et m''' on mènera parallèlement à la ligne de terre les droites $p''p_{u}$, $o''o_{u}$ et $m'''C''$; on prendra ensuite la distance $S'f'$, que l'on portera sur $S''F''$ de S'' en f''. On prendra de même les autres distances $S'p_{u}$, $S'o_{u}$ et $S''C''$, que l'on portera successivement de chaque côté de $S''F''$ de S'' en e'' et de S'' en g'', de S'' en d'' et de S'' en h'', de S'' en c'' et de S'' en j''; puis on portera l'arc Cq'' de la base, sur l'arc du développement de C'' en q'' et de J'' en q''. La courbe $q''c''d''e''f''g''h''j''q''$, menée à la main par tous ces points, sera la transformée de l'hyperbole de la deuxième section demandée.

Pour obtenir la tangente au point d'' correspondant au point d de la projection horizontale du cône, on mènera, à l'extrémité D'' de la génératrice passant par ce point, une tangente $D''L'^{v}$ que l'on fera égale à DL. La droite $d''L'^{v}$, menée par les deux points d'' et L'^{v}, sera la tangente demandée.

La courbe que nous venons de construire, quoique très-différente par sa nature de l'hyperbole dont elle est la transformée, a néanmoins avec elle une certaine analogie qu'il est important de remarquer. Comme l'hyperbole, cette courbe est composée de deux branches infinies $f'' e'' d'' c'' q''$ et $f'' g'' h'' j'' q''$, qui vont en se rapprochant sans cesse de deux asymptotes $t'' X^{iv}$, $t'' X^{iv}$, parallèles aux transformées $S'' T''$ et $S'' T''$; seulement dans l'hyperbole, les deux branches comprises entre les asymptotes se rapprochent de ces lignes en s'éloignant l'une de l'autre, tandis qu'au contraire, dans la transformée, les asymptotes sont comprises entre les deux branches, et celles-ci s'en rapprochent indéfiniment, en s'infléchissant l'une vers l'autre.

Pour déterminer sur le développement la position des deux génératrices parallèles aux asymptotes, on prendra l'arc BT que l'on portera de B'' en T'' et de O'' en T''. Les droites $S'' T''$ et $S'' T''$, menées du sommet S'' à chacun de ces points T'' et T'', seront les génératrices demandées.

Enfin, pour trouver les asymptotes de la section transformée, on mènera à l'arc du développement, et par les deux points T'' et T'', les tangentes $T'' t''$ et $T'' t''$ sur lesquelles on portera la distance $T t'$, de T'' en t'' et de T'' en t''; puis on mènera par les deux points t'' et t'' ainsi déterminés, et parallèlement aux deux génératrices $S'' T''$ et $S'' T''$, les deux droites $t'' X^{iv}$ et $t'' X^{iv}$, qui seront les asymptotes demandées.

DES SECTIONS CONIQUES CONSIDÉRÉES EN ELLES-MÊMES, ET ABSTRACTION FAITE DE LA SURFACE DU CÔNE.

On a dû remarquer, dans les problèmes précédens, la liaison qui existe entre les diverses sections coniques, et comment on parvient de l'une à l'autre par un simple changement dans la direction du plan coupant; ces observations ont conduit naturellement à chercher une méthode uniforme pour décrire ces différentes courbes considérées isolément, et abstraction faite de la surface conique dont elles sont les sections.

PROBLÈME 68.

Décrire toutes les sections coniques par une même méthode.

Solution. Soient les deux droites indéfinies $A q$ et $a g$, *fig.* 1, 2, 3 et 4, faisant entre elles un angle quelconque, et A un point donné sur la première; par ce point, on élèvera sur cette ligne $A q$ la perpendiculaire $A a$, qui rencontrera l'autre ligne $a g$ en un point a; on

69

prendra la distance A*a* que l'on portera de A en *f*: le point *f*, déterminé de cette manière, sera un *foyer*. La courbe cherchée aura pour axe principal la ligne A*q*, et pour sommet le point A donné. Pour savoir s'il y a un autre sommet, on mènera par le point *f* une droite *f b* menée à 45 degrés sur la droite A *q*, la position relative des deux droites *f b* et *a g* pourra présenter trois cas différens : 1° Ces deux lignes pourront se rencontrer en *b* au dessus de A *q*, comme dans les *fig*. 1 et 2 ; 2° ces deux lignes pourront être parallèles, comme dans la *fig*. 3 ; 3° enfin elles pourront se rencontrer en *b*, au dessous de A *q*, comme dans la *fig*. 4. Dans le premier et le dernier cas, la courbe aura un second sommet dont on trouvera la position en menant par le point *b* et sur la ligne A *q*, la perpendiculaire *b* B, qui déterminera sur cette droite le sommet B demandé. Maintenant on élèvera sur la droite A *q*, et par des points *m, f, n, p, q....* quelconques, une suite de perpendiculaires indéfinies *e* E', *f* F, *g* G', *i* I', *k* K'...., que l'on prolongera jusqu'à la droite donnée *a g*, puis, on prendra la longueur *m e* pour rayon, et du point *f* comme centre, on décrira deux petits arcs de cercle qui rencontreront cette perpendiculaire aux points E et E' ; on prendra ensuite la longueur suivante *n g* pour rayon, et du point *f* comme centre, on décrira deux autres petits arcs qui rencontreront cette perpendiculaire aux points G et G' ; on prendra de même les autres distances *p i, q k....* pour rayon, et du point *f* comme centre, on décrira de nouveaux arcs qui rencontreront ces perpendiculaires aux points I et I', K et K'.... Les points ainsi déterminés appartiendront toujours à la section demandée.

Il suit de la méthode que nous venons d'exposer que la section, menée à la main par tous ces points, sera tangente dans tous les cas au point F de la droite donnée *a g*.

La *fig*. 1, dans laquelle les deux droites données A *q* et *a g* sont parallèles, montre comment le procédé ci-dessus se modifie dans le cas où la section proposée est un *cercle*.

Les sections représentées *fig*. 2 et 4, ont chacune deux sommets : la première, fermée de toutes parts, est l'*ellipse*, et la deuxième, composée de deux courbes opposées et indéfinies, est l'*hyperbole* ; ces sections divisées en deux parties égales, mais inverses l'une de l'autre par la droite donnée A B, le sont encore de la même manière par une deuxième droite C D, menée perpendiculairement à A B par le milieu O de la distance des deux sommets. Les deux droites A B et C D, qui divisent ainsi ces courbes symétriquement, se nomment *axes principaux*, ou simplement *axes*, et le point O, où ces droites se coupent, *centre de la courbe*. La droite A B prend encore quelquefois le nom d'*axe transverse* pour le distinguer de son *conjugué* C D.

Enfin on obtient une *parabole* lorsque la droite donnée *a g* est menée à 45 degrés sur l'autre droite donnée A *q*.

Ainsi, 1° lorsque l'angle formé par les deux droites données A *q* et *a g* sera nul, c'est-à-dire lorsque ces droites seront parallèles, la section sera un *cercle*.

2° Tant que l'angle formé par ces droites sera plus petit que 45 degrés, la section sera une *ellipse*.

3° La section deviendra une *parabole* lorsque ces droites feront entre elles un angle de 45 degrés.

4° Et enfin on obtiendra une *hyperbole* lorsque l'angle de ces droites sera devenu plus grand que 45°.

PROBLÈME 69.

Les deux axes A B et C D d'une ellipse, fig. 5, étant donnés, on demande de décrire cette courbe.

Solution. On prendra le demi-grand axe A O pour rayon, et de l'extrémité C du petit axe comme centre, on décrira un arc de cercle indéfini qui rencontrera l'axe A B aux points F et *f*; ces deux points seront ce qu'on appelle les *foyers* de l'ellipse. On prendra ensuite sur cette droite A B une distance quelconque A *m* plus grande que A F, et de chaque foyer F et *f* comme centre, on décrira les arcs de cercle indéfinis M et M', S et S'; puis, avec le reste *m* B de cette ligne comme rayon, et des foyers *f* et F comme centre, on décrira d'autres arcs de cercles qui rencontreront les premiers aux points M, M', S et S', qui seront des points de l'ellipse cherchée. Pour obtenir de nouveaux points, on prendra la distance A *n* pour rayon, et des points F et *f* comme centre on décrira des arcs de cercle N, N', R et R'; puis on prendra le reste *n* B pour rayon, et des points *f* et F comme centres, on décrira des arcs qui rencontreront les premiers en des points N, N', R et R' qui seront encore sur l'ellipse. On conçoit qu'en opérant de cette manière, on obtiendra autant de points de la courbe que l'on voudra, et ces points seront d'autant plus rapprochés que les points *m, n, p....* pris sur le grand axe, seront plus près les uns des autres. Ainsi, si on fait passer une courbe à la main par tous ces points et les extrémités des axes donnés, cette courbe sera l'ellipse demandée.

Il suit de la méthode ci-dessus que, si l'on joint l'un quelconque N des points de la courbe avec les lignes F et *f* par deux droites nommées *rayons vecteurs*, la somme de ces lignes sera constante et toujours égale au grand axe A B.

Autre solution. On portera la longueur du demi-grand axe A O de *o* en *a* sur le bord d'une bande de papier coupée en ligne droite, et celle C O du demi petit axe de *o* en *e*; la distance *ae* exprimera la différence des demi-axes. On placera ensuite l'une des extrémités *e* de cette différence sur le grand axe, et l'autre extrémité *a* sur le petit. Dans cette position, le point *o* donnera un point de l'ellipse. Pour obtenir d'autres points, on fera glisser les extrémités *e* et *a* sur les axes A B et C D. Le point *o* dans ses diverses positions donnera de nouveaux points de la courbe, et si l'on fait mouvoir la position de *a c* d'une manière continue, le point *o* se déplacera de la même manière, et décrira l'ellipse d'un mouvement aussi continu.

PROBLÈME 70.

La position du sommet A d'une parabole, fig. 6, étant donnée sur l'axe A q, ainsi que son foyer f, on demande de décrire cette courbe.

Solution. On portera sur l'axe et au dessus du sommet la distance

A f de A en D ; par le point D on mènera perpendiculairement à l'axe la droite R S, cette droite sera ce qu'on appelle la *directrice* de la parabole ; puis on mènera parallèlement à cette ligne, et par des points m, n, o, p, q.... quelconques, les droites indéfinies M M', N N', O O', P P', Q Q'..., on prendra la distance m D comme rayon, et du foyer f comme centre, on décrira deux arcs de cercle qui couperont la parallèle passant par le point m, aux points M et M'; on prendra de même une autre distance n D comme rayon, et du foyer f comme centre, on décrira deux nouveaux arcs de cercle qui couperont la parallèle menée par le point n, aux points N' et N'; on prendra ensuite les autres distances o D, p D, q D... pour rayon, et du point f comme centre, on décrira d'autres arcs de cercle qui rencontreront les parallèles correspondantes aux points O et O', P et P', Q et Q'.... La courbe indéfinie menée à la main par tous ces points déterminés de cette manière, sera la parabole demandée.

PROBLÈME 71.

Les deux axes A B et C D, fig. 7, *d'une hyperbole étant donnés, on demande de décrire cette courbe.*

Solution. Par les deux extrémités A et B de l'axe A B, on mènera sur cette droite les deux perpendiculaires R U et S T ; puis, par les extrémités C et D de l'autre axe, on mènera parallèlement à A B les deux droites R S et U T, qui rencontreront les droites R U et S T aux points R, S, U et T ; les diagonales prolongées R T et S U du rectangle R S T U ainsi déterminé, seront les *asymptotes* de l'hyperbole demandée. Maintenant on prendra la longueur O S de la dernière asymptote, que l'on portera sur l'axe A B prolongé de O en F et de O en f, ces deux points F et f seront les foyers de l'hyperbole. Pour décrire cette courbe, on prendra une distance quelconque B m plus grande que B F, et des points F et f comme centres, on décrira les arcs de cercle indéfinis M, M', I et I' ; puis des points f et F comme centrés, et avec la distance A m comprise entre le point m et l'autre sommet A, on décrira de nouveaux arcs de cercle qui rencontrerout les premiers en des points M et M', I et I' qui seront des points de la courbe ; on prendra ensuite une autre longueur B n pour rayon, et des foyers F et f comme centres, on décrira des arcs de cercle N, N', J et J' ; puis des points F et f comme centres, et avec le rayon A n, on décrira d'autres arcs de cercle qui rencontreront les précédens en des points N et N', J et J'. En opérant de cette manière avec les rayons B p et A p, on obtiendra de nouveaux points P, P', K et K' de la courbe, et en continuant ainsi avec des rayons de plus en plus grands, on parviendrait à prolonger l'hyperbole aussi loin qu'on le jugerait nécessaire.

Si l'on joint l'un quelconque N des points de la courbe avec les foyers par deux droites appelées *rayons vecteurs*, la différence de ces lignes sera toujours constante et égale à l'axe A B.

PROBLÈME 72.

Les deux asymptotes R T et U S, fig. 7, *d'une hyperbole*

étant données, ainsi qu'un point de la courbe , on demande de décrire cette courbe.

Solution. Par le point P donné, on mènera une suite de droites quelconques indéfinies P x, P y et P z, puis on prendra les parties PX, PY et PZ de ces droites comprises entre le point P et l'asymptote U S, que l'on portera sur chacune de ces lignes à partir de l'autre asymptote R T, de x en p', de y en p' et de z en p''; les points p, p' et p'' appartiendront à l'hyperbole. On pourra ensuite effectuer sur un quelconque de ces points les opérations indiquées pour le point P, on obtiendra de cette manière autant de points de la courbe que l'on voudra, et il suit de la nature même de ce procédé, que les branches de la courbe iront en se rapprochant indéfiniment des asymptotes sans pouvoir les rencontrer, quelque loin qu'on les suppose prolongées.

Si on imagine, dans les différentes courbes que nous venons de considérer, une suite de droites parallèles entre elles, la droite menée par les milieux de deux quelconques de ces lignes divisant toutes les autres en deux parties égales, sera un *diamètre* de la courbe, les parties de ces droites comprises entre le diamètre et la courbe seront les *ordonnées* relatives à ce diamètre, et enfin on appelle *abcisses* les parties du diamètre comprises entre les ordonnées et le point, ou l'un des points où il rencontre la courbe.

Dans la parabole, le diamètre sera toujours parallèle à l'axe principal : il existe un nombre infini de diamètres.

Dans l'ellipse et dans l'hyperbole, le diamètre passera toujours par le centre ; toute droite menée par ce point parallèlement à ses ordonnées, divisera les parallèles à ce diamètre en deux parties égales, et sera par conséquent un nouveau diamètre de la courbe ; ces deux diamètres se désignent généralement par le nom de *diamètres conjugués.* Il existe un nombre infini de systèmes de diamètres conjugués.

La droite menée par l'extrémité du diamètre de l'une quelconque de ces courbes parallèlement aux ordonnées qui lui sont relatives, est *tangente* à la courbe en ce point.

PROBLÈME 73.

Les deux diamètres conjugués A B et C D d'une ellipse, fig. 8, étant donnés, décrire cette courbe.

Solution. On décrira sur l'une quelconque C D de ces droites, comme diamètre un demi-cercle ; puis on élèvera sur cette ligne, et par des points m', n', p' et q' quelconques, les perpendiculaires $m' m''$, n', n'', $p' p''$ et $q' q''$; on joindra ensuite les extrémités A et D, C et B des diamètres, donnés par les deux droites parallèles A D et C B, et par les points m', n', p' et q' on mènera parallèlement à ces lignes les droites $m'm, n'n, p'p$ et $q'q$, qui rencontreront l'axe A B en des points m, n, p et q par lesquels, et parallèlement à l'axe C D, on mènera les droites indéfinies M M', N N', P P' et Q Q'; on portera ensuite successivement sur chacune de ces lignes, et de chaque côté de

A B, les distances $m'm''$, $n'n''$, $p'p''$ et $q'q''$ de m en M et de m en M', de n en N et de n en N', de p en P et de p en P', et enfin de q en Q et de q en Q'. La courbe, menée à la main par tous les points ainsi obtenus, sera l'ellipse demandée.

Toute droite menée par l'extrémité d'un diamètre parallèlement à son conjugué, n'ayant que ce point de commun avec la courbe, lui est tangente en ce point.

Pour trouver la tangente au point Q de cette courbe, on mènera au cercle, par le point correspondant q'', la tangente q''T, qui rencontrera le diamètre C D prolongé en T'; par ce point, et parallèlement à C B, on mènera la droite T''T, qui viendra déterminer sur le prolongement de A B un point T appartenant à la tangente. La droite T Q, menée par les deux points T et Q, sera la tangente cherchée.

PROBLÈME 74.

L'un quelconque des axes principaux d'une ellipse, fig. 9, *étant donné, ainsi qu'un point E de cette courbe, décrire cette courbe.*

Solution. Par le milieu O de l'axe donné, on mènera sur cette droite une perpendiculaire qui représentera le second axe principal; pour en déterminer la longueur, on mènera par le point E une perpendiculaire à l'axe donné; cette droite, prolongée s'il est nécessaire, rencontrera le cercle décrit sur cet axe comme diamètre en un point que l'on joindra avec le centre par la droite indéfinie O e; on mènera ensuite par le point E, et parallèlement à l'axe donné, une droite qui déterminera par sa rencontre avec O e un point dont la distance au centre O sera la longueur cherchée; le cercle décrit du point O comme centre avec cette distance comme rayon, déterminera sur la perpendiculaire à l'axe donné la longueur du second axe. Maintenant on construira l'ellipse demandée sur les deux axes A B et C D, comme il a été indiqué précédemment.

On pourrait encore se servir des deux cercles décrits sur les axes pour obtenir des points de la courbe; pour cela, on mènera par le centre O un rayon quelconque O m qui rencontrera le cercle décrit sur le grand axe A B en m, et celui décrit sur le petit axe C D en m'; par le point m, on mènera parallèlement à C D la droite indéfinie m M, puis on mènera par le point m', et parallèlement à A B, la droite indéfinie m' M, qui rencontrera la première en un point M, qui sera un point de la courbe. On trouvera d'autres points en menant une suite de rayons quelconques o n, o p et o q,...., qui rencontreront les cercles proposés aux points n et n', p et p', q et q',....; par les points n, p, q...., on mènera parallèlement à C D les droites indéfinies n N, p P, q Q....; puis, par les points n', p', q',...., on mènera, parallèlement à A B, les droites n' N, p' P, q' Q....., qui rencontreront les précédentes en des points N, P, Q....., qui appartiendront encore à la courbe. On pourrait, en menant de nouveaux rayons, obtenir un plus grand nombre de points. La courbe tracée à la main par tous les points déterminés de cette manière, sera l'ellipse demandée.

Pour déterminer la tangente au point E de cette courbe, on mènera par le point correspondant e ou e' du cercle décrit sur l'un des axes une tangente que l'on prolongera jusqu'à la rencontre de cet axe en T ou T'. La droite, menée par ce point et le point E, sera la tangente demandée.

PROBLÈME 75.

Un diamètre quelconque C D d'une parabole, fig. 10, étant donné, ainsi que la double ordonnée A B relative à ce diamètre, décrire cette courbe.

Solution. On divisera les trois droites A C, C B et C D en un même nombre de parties égales, par les points *m, n, o* et *p* de division de A B, on mènera à la droite C D les parallèles *m* M, *n* N, *o* O et *p* P; on joindra ensuite les extrémités A et B de la droite A B avec les points *k* et *i* de division de C D, par des droites qui détermineront par leurs rencontres avec les parallèles à C D des points P, O, M et N de la parabole. La courbe, menée à la main par les points A, M, N, D, O, P et B, sera la parabole demandée.

La droite, menée par l'extrémité D du diamètre C D parallèlement à A B, sera la tangente à cette courbe.

Si on voulait prolonger la parabole au delà du point A, on porterait sur le prolongement de C D, à partir du point C, un certain nombre de divisions de cette droite, et sur le prolongement de A B un nombre égal de divisions de A B, on opèrerait ensuite au dessous de A B pour les points ainsi déterminés, comme on vient de le faire pour les premiers au dessus de cette droite.

PROBLÈME 76.

Une ellipse étant décrite, fig. 11, trouver deux diamètres conjugués qui fassent entre eux un angle égal à un angle donné a b c.

Solution. Le problème proposé ne peut être résolu qu'autant que l'angle donné est plus petit que l'angle A C B et plus grand que l'angle D A C; ces deux angles, formés par les droites C B, C A et A D menées par les extrémités B et C, C et A, A et D des axes A B et C D, sont les limites entre lesquelles l'angle donné doit être compris. Supposons donc ces conditions remplies, à l'extrémité B du grand axe ou du plus grand diamètre, si l'ellipse est rapportée à ses diamètres conjugués, et sur cette droite on fera un angle *a' B c'* égal à l'angle donné *a b c*, par le point B et sur le côté B *c'* on élèvera la perpendiculaire B P, qui rencontrera en P la droite C D menée par le centre O perpendiculairement à A B; puis du point P comme centre, et avec un rayon égal à P B, on décrira un cercle qui rencontrera l'ellipse en deux points M et N, on joindra ensuite l'un quelconque M de ces points avec les extrémités A et B de A B par deux droites M A et M B nommées *cordes supplémentaires*. Les droites G H et E F, menées par le centre parallèlement à ces lignes, seront les diamètres demandés.

En opérant de la même manière pour le deuxième point N, on obtiendra un deuxième système de diamètres conjugués qui satisfera à la question.

PROBLÈME 77.

*Les points A, M, N, P, C...... d'une ellipse quelconque,
fig. 12, rapportés à ses deux axes principaux, AB et CD,
ayant été déterminés exactement, construire cette courbe par
approximation, au moyen d'arcs de cercle tangens les uns
aux autres.*

Solution. On joindra les points donnés deux à deux par les droites
A M, M N, N P, P C......; puis, sur le milieu *r* de la droite P C passant par l'extrémité C du petit axe C D, on élèvera la perpendiculaire *rs*, qui déterminera sur cet axe le centre *s* du premier arc de cercle, on joindra ce point et le point P par la droite *s* P, et sur le milieu de N P on élèvera la perpendiculaire *tu*, qui rencontrera la droite *s* P en un point *u*, qui sera le centre du second arc de cercle; on joindra de même ce point et le point N par la droite *u* N, qui viendra rencontrer en *x* la perpendiculaire *v x*, élevée sur le milieu de M N; ce point *x* sera le centre du troisième arc de cercle indéfini N M. Pour obtenir le centre de celui qui doit passer par l'extrémité A du grand axe A B, on prendra le rayon N *x*, que l'on portera sur cet axe de A en *y*; on mènera par les deux points *x* et *y* la droite *x y*, sur le milieu de laquelle on élèvera la perpendiculaire *i z*. Cette perpendiculaire déterminera par sa rencontre avec l'axe le centre *z* de l'arc cherché.

Il est important de remarquer que, malgré que les premiers arcs C P, P N et N M soient précisément tangens aux points donnés P et N, il n'en est pas de même des arcs N M et M A; le point de contact de ces arcs de cercle différent du point M, est situé sur le prolongement de la droite *x z*, qui joint leurs centres.

La courbe obtenue par le procédé ci-dessus, n'est autre chose qu'une *anse de panier*. Cette courbe, toujours différente de l'ellipse, en approche néanmoins de plus en plus, au fur et à mesure que les points M, N et P de l'ellipse, déterminés exactement, deviennent plus nombreux, et sont par conséquent moins éloignés les uns des autres.

Il est évident que ce procédé n'est pas seulement applicable à l'ellipse, mais qu'on peut l'employer utilement pour décrire d'une manière approchée une courbe quelconque. On conçoit aussi comment il faudrait modifier le procédé proposé, dans chaque cas particulier.

PROBLÈME 78.

*Une ellipse étant décrite, fig. 13, mener une tangente au
point I de cette courbe.*

Solution. On mènera du point donné I aux deux foyers F et *f* les deux rayons I F, I *f*; on portera sur le prolongement de l'un de ces rayons, et de I en M une longueur égale à l'autre rayon I F; puis on joindra les points M et F par la droite M F; la perpendiculaire N I, élevée sur le milieu de cette droite, sera la tangente demandée.

Ainsi, la tangente divise le supplément F I M de l'angle des rayons vecteurs en deux parties égales.

La droite I L, menée par le point de *contact* I perpendiculairement
à la tangente est une *normale*; cette normale divisé l'angle FI*f* des
rayons vecteurs en deux parties égales.

PROBLÈME 79.

*Par un point P donné hors d'une ellipse , fig. 13, mener
une tangente à cette courbe.*

Solution. Du point P comme centre, et avec un rayon P F égal à la
distance de ce point à l'un des foyers F, on décrira un arc de cercle
F M indéfini ; on prendra ensuite le grand axe A B pour rayon, et
de l'autre foyer *f* comme centre, on décrira un second arc de cercle
qui rencontrera le premier en un point M; la droite M *f*, menée par
les deux points M et *f*, déterminera sur l'ellipse le point de contact F
de la tangente demandée. Cette tangente P I est, comme dans le problème précédent, perpendiculaire sur le milieu de la droite M F, menée par les deux points M et F.

Le problème proposé est susceptible de deux solutions; en opérant
d'une manière analogue sur l'autre foyer, on obtiendra une seconde
tangente P *i*, qui satisfera aussi à la question.

PROBLÈME 80.

*Mener une tangente à une ellipse parallèlement à une droite
donnée M N, fig. 14.*

Solution. On mènera par l'extrémité A de l'un des axes ou des diamètres conjugués, et parallèlement à M N, une corde A E, qui rencontrera l'ellipse en un point E; on joindra ensuite ce point avec
l'autre extrémité B du diamètre par la corde E B; le diamètre G H,
mené par le centre O parallèlement à cette corde, déterminera sur
l'ellipse les points de contact G et H des tangentes qui satisfont à la
question. Les droites G L et H Q, menées par ces points parallèlement à M N, seront les tangentes demandées.

PROBLÈME 81.

*Mener une tangente à une ellipse perpendiculairement à
une droite donnée M N, fig. 14.*

Solution. On mènera par l'extrémité A de l'un des axes ou des
diamètres conjugués, la corde A F perpendiculairement à la droite
donnée M N ; on joindra ensuite le point F, où cette corde rencon-
tré l'ellipse, avec l'autre extrémité B par la corde FB; les extrémités
I et K du diamètre I K, mené par le centre O parallèlement à cette
corde, détermineront les points de contact des tangentes qui satisferont à la question. Les deux droites I P et K J, menées par ces points
perpendiculairement à la droite donnée, seront les tangentes demandées.

PROBLÈME 82.

Mener une normale à une ellipse parallèlement à une droite donnée M N, fig. 14.

Solution. On déterminera, au moyen du problème précédent, les points de contact I et K des tangentes perpendiculaires à la droite donnée M N ; on mènera ensuite par ces points, et parallèlement à M N, les deux droites I T et K S, qui seront les normales demandées.

PROBLÈME 83.

Mener une normale à une ellipse perpendiculairement à une droite donnée M N, fig. 14.

Solution. On déterminera, au moyen du problème 80, les points de contact G et H des tangentes parallèles à la droite donnée M N ; on mènera ensuite par ces points, et perpendiculairement à M N, les deux droites G R et H U, qui seront les normales demandées.

PROBLÈME 84.

Une ellipse, fig. 15, *étant décrite, déterminer le centre et les axes de cette courbe.*

Solution. On mènera deux cordes quelconques E F, G H parallèles entre elles, puis par le milieu I et K de ces cordes, on fera passer la droite L M, qui sera un diamètre : le centre de l'ellipse sera au milieu O de cette droite. Maintenant, pour déterminer les axes, on décrira du point O comme centre, et avec un rayon quelconque, un arc de cercle indéfini qui rencontrera l'ellipse en trois points R, P et Q ; on joindra ensuite ces points par les droites R P et P Q, auxquelles, et par le centre O, on mènera les deux parallèles A B et C D, qui seront les axes demandés.

PROBLÈME 85.

Une parabole étant donnée, fig. 17, *mener une tangente au point G de cette courbe.*

Solution. On mènera par le point donné G, et parallèlement à l'axe A B la droite G R, qui rencontrera la directrice en un point R ; on joindra ensuite ce point avec le foyer F, par la droite R F, la perpendiculaire P G, élevée sur le milieu de cette droite, sera la tangente demandée.

La droite G H, menée par le point de contact G, perpendiculairement à la tangente, est une *normale* à la courbe.

Si la courbe, *fig.* 18, était rapportée à un diamètre quelconque A B, on obtiendrait la tangente au point C en menant l'ordonnée

C L de ce point, et portant l'abcisse A L de A en T : la ligne T C, menée par les deux points T et C, serait la tangente demandée.

Dans la parabole, la ligne T L, nommée *sous-tangente*, est toujours égale au double de l'abcisse A L.

PROBLÈME 86.

Par un point P donné hors d'une parabole, fig. 17, *mener une tangente à cette courbe.*

Solution. On joindra le foyer F avec le point donné P, par la droite P F; puis, de ce point comme centre et avec cette droite pour rayon, on décrira un arc de cercle indéfini, qui rencontrera la directrice en deux points R et U; par ces points, et parallèlement à l'axe A B, on mènera les deux droites R G et U C, qui détermineront sur la parabole les points de contact G et C des tangentes demandées : les droites P G et P C, menées du point P à chacun de ces points, seront les tangentes demandées.

Le problème proposé est, comme on le voit, susceptible de deux solutions.

PROBLÈME 87.

Mener une tangente à une parabole parallèlement à une droite donnée M N, fig. 18.

Solution. Par l'extrémité A d'un diamètre quelconque A B, on mènera parallèlement à la droite donnée M N une corde A I, que l'on divisera en deux parties égales au point U, la droite indéfinie U F, menée par ce point parallèlement au diamètre A B, rencontrera la courbe en un point C, par lequel on mènera à la droite donnée la parallèle T P, qui sera la tangente demandée.

PROBLÈME 88.

Mener une tangente à une parabole perpendiculairement à une droite donnée M N, fig. 18.

Solution. On mènera, par l'extrémité A du diamètre A B, la corde A K perpendiculaire à M N; on divisera cette corde en deux parties égales au point V par la droite indéfinie V H, parallèle à A B; puis, par l'extrémité G de cette ligne, et perpendiculairement à M N, on mènera la droite G O, qui sera la tangente demandée.

PROBLÈME 89.

Mener une normale à une parabole parallèlement à une droite donnée M N, fig. 18.

Solution. On déterminera, au moyen du problème précédent, le point de contact G de la tangente perpendiculaire à la droite donnée

M N; on mènera ensuite par ce point, et parallèlement à M N, la droite S G, qui sera la normale demandée.

PROBLÈME 90.

Mener une normale à une parabole perpendiculairement à une droite donnée M N, fig. 18.

Solution. On déterminera, au moyen du *problème* 87, le point de contact C de la tangente parallèle à la droite donnée M N; on mènera ensuite par ce point, et perpendiculairement à M N, la droite C R, qui sera la normale demandée.

PROBLÈME 91.

Une parabole, fig. 19, étant décrite, déterminer la direction de ses diamètres, l'axe principal et le foyer de cette courbe.

Solution. Pour cela, on mènera deux cordes quelconques G H et K L parallèles entre elles; puis on divisera chacune de ces droites en deux parties égales, aux points M et N; la droite indéfinie M N, menée par ces deux points, déterminera la direction des diamètres de la courbe. Maintenant, pour trouver l'axe principal, on élèvera sur le diamètre M N la perpendiculaire P Q; puis on mènera par le milieu B de cette droite, et parallèlement à M N, la droite indéfinie A E, qui sera l'axe principal cherché.

Pour obtenir le foyer, on joindra le sommet A de la courbe avec l'extrémité P de la perpendiculaire P Q, par la droite A P; puis, sur le milieu de cette ligne on élèvera la perpendiculaire I O, qui rencontrera l'axe principal A E en un point O; de ce point comme centre, et avec la distance O A pour rayon, on décrira un demi-cercle qui déterminera sur A E la longueur B E du *paramètre*; on portera ensuite le quart B C de cette longueur de chaque côté du sommet de A en F et de A en D; le point F, déterminé de cette manière, sera le foyer cherché, et le point D le pied de la directrice R S.

PROBLÈME 92.

Une hyperbole étant décrite, fig. 21, mener une tangente en un point donné I de cette courbe.

Solution. On joindra le point donné I avec les foyers F et *f* par les deux rayons vecteurs I F et I *f*, on portera le plus petit I F sur le plus grand de I en M, puis on joindra les deux points F et M par la droite F M; la perpendiculaire P I, élevée sur le milieu de cette droite, sera la tangente demandée.

Ainsi, la tangente divise l'angle des rayons vecteurs en deux parties égales.

La droite L I, menée par le point de contact I perpendiculairement à la tangente, est une *normale* à l'hyperbole.

PROBLÈME 93.

Par un point P donné hors d'une hyperbole, fig. 21, mener une tangente à cette courbe.

Solution. Du point P comme centre, et avec un rayon P.f égal à la distance de ce point au foyer f, on décrira un arc de cercle f m indéfini ; puis, de l'autre foyer F comme centre et avec un rayon égal à A B, on décrira un arc de cercle qui rencontrera le premier en un point m, par lequel et le foyer F, on mènera la droite indéfinie F m ; cette droite déterminera par sa rencontre avec la courbe le point de contact i de la tangente cherchée. Cette tangente P i est, comme dans le problème précédent, perpendiculaire sur le milieu de la droite m f, menée par les deux points m et f.

Le problème proposé est susceptible de deux solutions ; on obtiendra la seconde tangente P I en opérant d'une manière analogue sur l'autre foyer.

PROBLÈME 94.

Mener une tangente à une hyperbole parallèlement à une droite donnée M N, fig. 22.

Solution. Par l'une B des extrémités d'un diamètre quelconque A B, on mènera à la droite donnée M N la parallèle B E, qui rencontrera l'hyperbole en un point E ; on joindra ce point avec l'autre extrémité A du diamètre par la droite A E, à laquelle et par le centre on mènera la parallèle I K ; cette droite déterminera sur la courbe les points de contact I et K des tangentes cherchées.

Les droites I P et K J, menées par ces points parallèlement à la droite donnée M N, seront les tangentes qui satisfont à la question.

PROBLÈME 95.

Mener une tangente à une hyperbole perpendiculairement à une droite donnée M N, fig. 22.

Solution. On mènera par l'une des extrémités B du diamètre quelconque A B, et perpendiculairement à M N la droite B F, qui rencontrera l'hyperbole en un point F ; on joindra ce point avec l'autre extrémité A du diamètre par la droite A F, à laquelle et par le centre on mènera la parallèle G H ; cette droite déterminera sur la courbe les points de contact G et H des tangentes cherchées. Les deux droites G L et H Q, menées par ces points perpendiculairement à la droite donnée M N, seront les tangentes qui satisfont à la question.

PROBLÈME 96.

Mener une normale à une hyperbole parallèlement à une droite donnée M N, fig. 22.

Solution. On déterminera, au moyen du problème précédent, les points de contact G et H des tangentes perpendiculaires à la droite donnée M N ; les droites G R et U H, menées par ces points parallèlement à M N, seront les normales demandées.

PROBLÈME 97.

Mener une normale à une hyperbole perpendiculairement à une droite donnée M N, fig. 22.

Solution. On déterminera, au moyen du *problème* 94, les points de contact I et K des tangentes parallèles à la droite donnée M N ; les droites I T et K S, menées par ces points perpendiculairement à M N, seront les normales demandées.

PROBLÈME 98.

Une hyperbole, fig. 23. étant décrite, déterminer le centre, les axes et les foyers de cette courbe.

Solution. On mènera deux cordes quelconques E J, G H, parallèles entre elles ; puis, par les points M et N, qui divisent ces lignes en deux parties égales, on fera passer la droite M N, qui sera un diamètre ; on divisera de la même manière les deux autres cordes parallèles *e j* et *g h* par le diamètre *m n* ; le point O d'intersection de ces deux diamètres sera le centre de la courbe.

Maintenant pour déterminer les axes, du point O comme centre, et avec un rayon quelconque, on décrira un arc de cercle qui rencontrera la courbe en deux points K et L, que l'on joindra par la droite K L. La perpendiculaire O P, abaissée du centre O sur cette corde, représentera l'axe transverse de l'hyperbole, et la droite C D, menée par le même point parallèlement à cette corde, la direction du second axe.

Pour obtenir les foyers, on mènera par le point I, où le diamètre M N rencontre l'hyperbole, et parallèlement à la corde G H, la tangente I R, que l'on arrêtera à la droite C D prolongée ; puis on élèvera sur le milieu de I R la perpendiculaire S Q, qui rencontrera la ligne C D en un point Q ; le cercle décrit de ce point comme centre, avec la distance Q R pour rayon, coupera l'axe transverse en deux points F et *f*, qui seront les foyers demandés.

DES LIEUX GÉOMÉTRIQUES.

Toute ligne dont chaque point satisfait également à une question indéterminée, se nomme *lieu géométrique* ; ainsi, un lieu géométrique est une ligne par laquelle se résout un problème géométrique ; la circonférence du cercle, par exemple, est le lieu de tous les points situés à une distance du centre égale au rayon ; la perpendiculaire élevée sur le milieu d'une droite est le lieu de tous les points situés à égale distance des extrémités de cette droite, etc. Les lieux géométriques, comme on le voit, ne sont pas de nature constante ; quelquefois en ligne droite ou *rectiligne*, d'autres fois courbes ou *curvilignes*, ils varient avec les différens problèmes que l'on se propose ; souvent il arrive, ainsi qu'on a déjà dû le remarquer, que des problèmes très-différens sont résolus par des lieux de même espèce, tandis que dans d'autres cas, ainsi qu'on le verra dans ce qui va suivre, le lieu qui résout une question se modifie et change de nature, pour un simple changement dans les conditions du problème proposé.

PROBLÈME 99.

Trouver le lieu des centres de tous les cercles tangens à deux cercles donnés, fig. 16 et 24.

Solution. Nous considérerons dans la solution de ce problème les deux cas suivans : 1° Celui dans lequel la distance des centres des cercles donnés est plus petite que la différence de leurs rayons, *fig.* 16 ; 2° celui dans lequel la distance des centres est plus grande que la somme des rayons, *fig.* 24.

Premier cas, fig. 16. On joindra les centres O et O' des deux cercles proposés par la droite indéfinie O O', qui rencontrera leurs circonférences aux points A' et A, B et B' ; on divisera ensuite chacune des distances A' A et B B' en deux parties égales par les points *a* et *b* ; l'ellipse *a c b d*, construite sur *a b* comme grand axe avec les points O et O' pour foyers, sera le lieu géométrique demandé ; chacun des points de cette courbe, décrite par le procédé du *problème* 69, sera le centre d'un cercle tangent à la fois aux deux cercles donnés.

Tout problème qui admet comme le précédent une infinité de solutions différentes, se nomme *problème indéterminé*. On parviendra en général à le déterminer complètement, en assignant de nouvelles conditions auxquelles il devra satisfaire.

Cherchons, par exemple, parmi tous les centres situés sur cette courbe, celui du cercle dont le rayon est égal à une droite donnée.

Pour cela, on portera ce rayon sur la droite A' B' de B' en C ; l'arc de cercle I C J, décrit du point O' comme centre avec la droite O' C pour rayon, rencontrera le lieu géométrique *a c b d* en deux points I et J, qui satisferont également à la question.

Le problème, ainsi modifié, peut encore être résolu de deux manières différentes : une autre condition sera par conséquent nécessaire pour le déterminer entièrement.

Deuxième cas, fig. 24. On mènera par les centres O' et O des deux cercles proposés la droite indéfinie O' O, qui rencontrera leurs circonférences aux points A' et A, B' et B ; on divisera ensuite chacune des distances A' A et B' B en deux parties égales par les points *b* et *a* ; l'hyperbole construite par le procédé du problème 71, sur la ligne *a b* comme axe transverse, avec les points O' et O pour foyers, sera le lieu géométrique demandé.

Déterminons maintenant sur cette courbe le centre du cercle dont le rayon est égal à une droite donnée.

Pour résoudre cette question, on portera cette droite sur B' B de A' en C ; puis du point O' comme centre, et avec la droite O' C pour rayon, on décrira un arc de cercle indéfini I C J, qui rencontrera le lieu, proposé en deux points I et J, qui seront les points demandés. Les cercles décrits de ces points comme centres avec le rayon donné, seront tangens aux deux cercles proposés.

Il y a encore dans ce cas, comme dans le précédent, deux solutions; ainsi le problème ne pourra être déterminé complètement qu'en lui assignant une nouvelle condition.

PROBLÈME 100.

Trouver le lieu des centres de tous les cercles tangens à un cercle donné et à une droite AB aussi donnée, fig. 20.

Solution. On abaissera sur la droite A B, par le centre O du cercle proposé la perpendiculaire indéfinie O T, que l'on prolongera de l'autre côté de A B d'une quantité T *d* égale au rayon O M du cercle donné; puis, par le point *d*, on mènera parallèlement à A B la droite *r s*; la parabole *d a c*, construite par le procédé du problème 70 sur la droite *d* O comme axe principal, avec la droite *r s* pour directrice et le point O pour foyer, sera le lieu géométrique demandé.

Pour trouver sur ce lieu le centre du cercle dont le rayon est égal à une droite donnée, on mènera parallèlement à A B, et à une distance T U égale à ce rayon, la droite indéfinie I J, qui rencontrera le lieu *d a e* en deux points I et J, qui satisferont à la question; les cercles décrits de ces points comme centres, avec la droite donnée pour rayon, seront tangens à la fois à la droite et au cercle proposés.

Ce problème admet encore deux solutions : on le déterminera complètement en lui assignant une nouvelle condition.

DES CINQ POLYÈDRES RÉGULIERS.

PROBLÈME 101.

L'une des arêtes A B d'un tétraèdre régulier, fig. 78, *étant donnée, déterminer :*

1° *Les deux projections de ce tétraèdre.*

2° *Son développement.*

Solution. 1° Pour construire la projection horizontale de ce tétraèdre, on décrira sur la droite donnée A B, menée parallèlement à la ligne de terre, le triangle équilatéral A B C; on divisera ensuite chacun de ses angles A, B et C en deux parties égales, par les droites A D, B D et C D, qui se couperont en un même point D; ces trois droites dé--

termineront, avec les trois côtés du triangle A B C, la projection horizontale demandée.

Pour obtenir la projection verticale, on mènera à la ligne de terre X Y, et par les points A, B et C, les perpendiculaires indéfinies A A', B B' et C C'; la droite A' B', menée parallèlement à X Y, et comprise entre les projections A A' et B B', représentera la projection verticale de la face A B C de ce tétraèdre. Maintenant du point A comme centre, et avec la droite A D pour rayon, on décrira un arc de cercle D d qui rencontrera A B en d; par ce point, et perpendiculairement à X Y, on mènera la droite indéfinie d d'; puis, du point A' comme centre et avec l'arête A' B' pour rayon, on décrira un arc de cercle B' d' qui coupera d d' en d'; par ce point, on mènera parallèlement à la ligne de terre la droite d' D', qui déterminera sur la projetante D D', la projection verticale D' du dernier sommet du tétraèdre; les trois droites D' A', D' B et D' C' compléteront avec la droite A' B' la projection verticale demandée.

2° Pour le développement, on mènera une droite D" D", que l'on fera égale au double de l'arête donnée A B, et l'on construira sur cette droite le triangle équilatéral D" D" D", qui sera le développement demandé; les droites A" B", A" C" et B" C", menées par les milieux A", B" et C" des côtés de ce triangle, détermineront sur ce développement les quatre faces du tétraèdre proposé.

PROBLÈME 102.

L'une des arêtes A B d'un hexaèdre régulier, fig. 79, étant donnée, déterminer:

1° *Les deux projections de cet hexaèdre.*
2° *Son développement.*

Solution. 1° On disposera l'arête donnée A B parallèlement à la ligne de terre X Y, et l'on construira sur cette droite le carré A B C D, qui sera la projection horizontale demandée de l'hexaèdre. Pour obtenir sa projection verticale, on mènera à la ligne de terre les perpendiculaires indéfinies A A' et B B'; la droite A' B', menée parallèlement à X Y, et comprise entre ces projetantes, représentera la projection verticale de la face inférieure A B C D, et le carré A'B'G'H' la projection verticale demandée de l'hexaèdre proposé.

2° Pour le développement, on mènera deux droites E''F'' et G''G'' parallèles entre elles, et à une distance égale à l'arête donnée A B, on portera cette arête quatre fois de suite sur l'une G''G'' de ces parallèles de G'' en H'', de H'' en A'', de A'' en B'' et de B'' en G''; et par les points G'', H'', A'', B'' et G'', on élèvera sur la droite G''G'' les cinq perpendiculaires G''F'', H''E'', A''D'', B''C'' et G''F''; on construira ensuite sur les droites A''B'' et D''C'', et en dehors du rectangle G''G''F''F'' les deux carrés A''B''G''H'' et D''C''F''E'', qui composeront, avec les quatre carrés compris dans ce rectangle, le développement F''G''A'' H''G''B''G''F''C''F''E''D''F'' demandé.

PROBLÈME 103.

L'une des arêtes A B d'un octaèdre régulier, fig. 80, *étant donnée, déterminer :*

1° *Les deux projections de cet octaèdre.*
2° *Son développement.*

Solution. 1° On mènera l'arête donnée A B parallèlement à la ligne de terre X Y, et l'on construira sur cette droite le carré A B C D, que l'on divisera en quatre triangles égaux entre eux par les deux diagonales A C et B D; cette figure A B C D F sera la projection horizontale demandée. Pour obtenir la projection verticale, on mènera à la ligne de terre X Y les perpendiculaires indéfinies A A', B B' et F E'; les deux premières détermineront sur l'horizontale A'B' la projection verticale A'B' du carré A B C D formé par les quatre arêtes A B, B C, C D et D A; on décrira ensuite sur le côté B C de cette figure le triangle équilatéral B C e; puis, par le sommet e de ce triangle, on mènera à la ligne de terre la perpendiculaire indéfinie e e', qui rencontrera le prolongement de A'B' en un point e'; du point B' comme centre, et avec la distance B'e' pour rayon, on décrira un arc de cercle qui coupera la projetante F E' en deux points E' et F', qui seront les projections verticales des deux sommets opposés à la figure A B C D; les droites

A'E', A'F', B'E' et B'F', menées des deux points A' et B' aux points E' et F', détermineront avec la droite A'B' la projection verticale demandée de l'octaèdre.

2° Pour le développement, on mènera une droite indéfinie B''B'' sur laquelle on portera l'arête donnée AB trois fois de suite de B'' en A'', de A'' en F'' et de F'' en B''; puis on construira sur chacune des droites B''A'', A''F'' et F''B'' les trois triangles équilatéraux B''E''A'', A''D''F'', F''C''B'', par les sommets desquels on fera passer la droite C''C'' parallèle à B''B''; on prolongera cette ligne d'une quantité E''C'' égale à l'arête donnée, et l'on joindra les deux points C'' et B'' par la droite C''B''; on prolongera ensuite les droites C''B'' et B''C'' jusqu'à ce qu'elles rencontrent en F'' et E'' les prolongemens de la droite A''D''; la figure C''F''A''B''E''D''C'', composée de huit triangles équilatéraux égaux entre eux, sera le développement demandé.

PROBLÈME 104.

L'une des arêtes d'un dodécaèdre régulier, fig. 81, étant donnée, déterminer :

1° Les deux projections de ce dodécaèdre.
2° Son développement.

Solution. 1° On mènera parallèlement à la ligne de terre XY la droite indéfinie AF, sur laquelle on portera l'arête donnée de c en a; par le point a, on mènera sur cette droite la perpendiculaire bd, et l'on portera la moitié de ac de a en b; du point b comme centre, et avec la droite bc pour rayon, on décrira l'arc de cercle cd qui rencontrera la perpendiculaire bd en un point d, que l'on joindra avec le point c par la droite dc; on portera ensuite sur cette droite l'arête donnée ca de c en e; la perpendiculaire eR, abaissée du point e sur la droite ca, déterminera sur cette ligne le rayon cR du cercle circonscrit à l'un des pentagones réguliers qui terminent le dodécaèdre. Pour obtenir cette face, on portera l'arête donnée cinq fois de suite sur la circonférence de ce cercle, de R en T, de T en L, de L en N et de N en P; les droites RT, TL, LN, NP et PR, menées par ces points, détermineront le pentagone demandé. Pour construire la face opposée, on portera l'arête donnée à partir de l'extrémité M du diamètre M R cinq fois de suite sur la circonférence, et l'on joindra par des droites les points M, O, Q, S et U ainsi obtenus.

Maintenant on mènera par le centre c et chacun des points M, N, O, P, Q, R, S, T, U et L les dix droites M A, N B, O C, P D....; puis on joindra les points O et P, U et T par les droites indéfinies B E et K G parallèles à A F, qui rencontreront les droites N B, Q E, S G et L K aux points B, E, G et K; le cercle décrit du point c comme centre avec la distance c B pour rayon, passera par les points E, G, K, et coupera les autres droites M A, O C, P D...... en des points A, C, D......; le décagone régulier A B C D E F G H I K, formé en joignant les points ainsi obtenus deux à deux par des droites, complétera, avec les deux pentagones réguliers L N P R T, M O Q S U, et les droites menées de chacun de leurs angles aux angles du décagone, la projection horizontale demandée.

Pour déterminer la projection verticale, on mènera la droite M' Q' parallèlement à la ligne de terre X Y, et, par les points M et Q, on mènera sur cette droite les perpendiculaires M M' et Q Q'; du point Q' comme centre, et avec la distance Q' M' pour rayon, on décrira un arc de cercle qui rencontrera la perpendiculaire indéfinie F F', menée par le point F sur la ligne X Y, en un point F', que l'on joindra avec le point Q' par la droite Q' F'; puis on mènera par les autres points A, N, C, O, P, D, R et E, et sur la ligne de terre, les perpendiculaires indéfinies A A', N N', C C'......; du point M' comme centre, et avec l'arête donnée pour rayon, on décrira un arc de cercle qui coupera la projetante A A' en A'; l'on joindra ensuite les deux points A' et M' par la droite A' M', à laquelle, par le point F', on mènera la parallèle F' R'; on mènera de même par le point A' la droite A' N' parallèle à Q' F', et l'on joindra les points N' et R', où ces lignes rencontrent les projetantes N N', R R'; par la droite N' R', parallèle à la ligne de terre; on mènera ensuite à cette ligne, et par les points A' et F', les parallèles A' E' et F' B', qui rencontreront les droites A' N', C C', D D' et Q' F' aux points B', C', D' et E'; les droites menées par ces points et par les points O' et P', où les projetantes O O' et P P' rencontrent les parallèles M' Q' et N' R', termineront, avec les droites déjà obtenues, la projection verticale A'M'Q'F'R'N' demandée.

Pour obtenir la projection du dodécaèdre sur un plan perpendiculaire aux deux plans de projection, on mènera par un point quelconque S de la ligne de terre XY, et perpendiculairement à cette ligne, la droite indéfinie Sc, qui rencontrera les droites Ii, Kk, Ll, Aa, Nn, Bb et Cc, menées par les points I, K, L, A, N, B et C parallèlement à la ligne de terre aux points i, k, l, a, n, b et c; puis on portera les distances comprises entre le point S et chacun de ces points sur la ligne de terre de S en i', de S en k', de S en l'......; les perpendiculaires menées sur cette ligne par chacun des points i', k', l', a', n', b' et c' ainsi obtenus, couperont les prolongemens des horizontales N'R', B'F', A'E' et M'Q' en des points T''', L''', R''', N''', P''', H''', K''', F''', B''', D''', I'''......, que l'on joindra entre eux par des lignes droites, la figure T''' P''' B''' C''' O''' U''' I''' H''', construite de cette manière, représentera avec les autres droites L''' K''', R''' F''', N''' B''', A''' B''', K''' A'''......, menées par ces points, la troisième projection demandée.

2° Pour construire le développement, on mènera une droite quelconque E''C'', sur laquelle on portera le côté TR et la diagonale TP du pentagone LNPRT, de E'' en D'' et de D'' en C''; puis on mènera par chacune des extrémités E'' et C'' de la droite E''C'', des droites E''G'' et C''A'' respectivement égales à cette droite E''C'', et faisant avec elle des angles égaux entre eux et à l'un quelconque TRP des angles de ce pentagone; on joindra chacun des points C'' et E'' avec les extrémités G'' et A'' de ces lignes par les droites C''G'' et E''A''; et, par les points G'' et A'', on mènera à ces dernières les parallèles G''I'' et A''I'', qui se couperont en I'' et termineront le pentagone régulier A''C''E''G''I''; les diagonales menées de chacun de ses angles à tous les autres, détermineront par leurs rencontres le pentagone régulier L''N''P''R''T''; qui sera l'une des faces du dodécaèdre proposé. On portera ensuite l'arête donnée TR sur chacune des lignes A''C'', C''E'', E''G'', G''I'' et I''A'', de A'' en B'', de C'' en B'', de C'' en D'' et de E'' en D'', de E'' en F'' et de G'' en F'', de G'' en H'' et de I'' en H'', et enfin de I'' en K'' et de A'' en

K''. Les cinq pentagones réguliers formés, en joignant par des droites chacun des angles du pentagone L''N''P''R''T'' avec les points B'', B'', D'', D'', F'', F''..... ainsi obtenus, composeront avec ce pentagone l'une des moitiés du développement cherché.

Pour obtenir l'autre moitié, on mènera à la droite A''G'', et par le point I'', la parallèle indéfinie I''K''; puis on portera le côté E''C'' deux fois de suite sur cette droite de I'' en H'' et de H'' en K''; l'on effectuera ensuite en dessous de H''K'' les mêmes opérations que l'on a effectuées au dessus de E''C''; la figure ainsi construite complétera, avec celle déjà obtenue, le développement demandé.

PROBLÈME 105.

L'une des arêtes d'un icosaèdre régulier, fig. 82, étant donnée, déterminer:

1° Les deux projections de cet icosaèdre.

2° Son développement.

Solution. 1° Après avoir décrit avec l'arête donnée pour côté, le pentagone régulier B D F H K par le procédé exposé au commencement de la solution du problème précédent, on divisera chacun des arcs K B, B D, D F, F H et H K, sous-tendus par ses côtés en deux parties égales aux points A, C, E, G et I, puis on joindra ces points entre eux et avec ceux déjà obtenus par les droites A B, A C, B C, C D, C E, D E, E F, E G, F G......; les droites L A, L B, L C, L D, L E......, menées du centre du cercle circonscrit à chacun des points A, B, C, D, E...... détermineront avec les précédentes la projection horizontale demandée.

Pour obtenir la projection verticale, on mènera à la ligne de terre, par les différens points L, A, B, C, D, E...... de la projection horizontale, les perpendiculaires indéfinies L L', A A', B B', C C', D D', E E',.....; on décrira ensuite sur la corde G E le triangle équilatéral G E*l*, par le sommet *l* duquel on mènera sur la ligne X Y la perpendiculaire *l l'*; les deux perpendiculaires E E' et *l l'* rencontreront la droite indéfinie A' E' menée parallèlement à la ligne de terre en E' et *l'*; du point E' comme centre, et avec la distance E'*l* pour rayon, on décrira l'arc de cercle M' *l'* F'; cet arc ren-

contrera les projetantes LL' et FF' aux points M' et F',
que l'on joindra avec le point E' par les droites E'M' et
E'F'; par le point F', on mènera à la droite A'E' la
parallèle B'F', les deux lignes A'E' et B'F' seront
rencontrées par les autres projetantes en des points A',
C', B' et D', que l'on réunira entre eux et avec le point
M' par les droites A'M', A'B', B'M', C'D' et E'D'; les
droites L'B' et L'F, menées des points B' et F' au point
L', où le prolongement de la droite E'D' rencontre la
projetante LL', complèteront avec les lignes ci-dessus la
projection verticale A'B'L'F'E'M' demandée de l'icosaèdre.

Pour obtenir la projection de l'icosaèdre sur un plan
perpendiculaire aux deux plans de projection, on élèvera
sur la ligne de terre XY, par un point quelconque S de
cette droite, la perpendiculaire indéfinie Sc, et par les
points I, K, A, B et C de la projection horizontale, on
mènera à la ligne XY des parallèles Ii, Kk, Aa, Bb et Cc,
qui rencontreront la droite Sc en des points i, k, a, b et c;
on prendra ensuite les distances comprises entre ces points
et le point S pour les porter sur la ligne de terre de S en i',
de S en k', de S en a', de S en b' et de S en c'; puis par
les points i', k', a', b' et c' ainsi obtenus, on mènera à cette
ligne les perpendiculaires i'H''', k'K''', a'L''', b'B''' et
c'D''', qui détermineront par leurs rencontres avec les
droites F'B', E'A' prolongées, et les parallèles L'L''' et
M'M''', menées à ces droites par les points L' et M', des
points qui appartiendront à la projection demandée. On obtiendra cette projection en joignant par des lignes droites
les points correspondans à ceux des deux autres projections.

2° Pour obtenir le développement, on mènera une droite
quelconque A''A'', sur laquelle on portera l'arête donnée
cinq fois de suite de A'' en C'', de C'' en E'', de E'' en G'',
de G'' en L'' et de L'' en A''; puis on décrira au dessus et
au dessous de chacune des cinq droites A''C'', C''E'', E''G'',
G''L'' et L''A'', les triangles équilatéraux A''B''C'' et
A''M''C'', C''D''E'' et C''M''E'', E''F''G'' et E''M''G''.....;
et l'on joindra les sommets B'', D'', F'', H'' et K'' des premiers triangles par la droite B''K'' parallèle à A''A''; on
prolongera ensuite le côté M''A'' jusqu'à la rencontre de la

droite B"K" prolongé en B"; les cinq triangles équilatéraux B"L"D", D"L"F", F"L"H", H"L"K" et K"L"B" décrits sur les droites B"D", D"F", F"H", H"K" et K"B", compléteront, avec les quinze triangles déterminés précédemment, le développement demandé de l'icosaèdre.

———

L'espace renfermé par la surface d'un corps quelconque est généralement désigné par le nom de *volume*; ainsi on dit le volume d'un prisme, d'une pyramide, pour désigner l'espace occupé par ce corps.

Deux corps de formes très-différentes peuvent renfermer des espaces égaux; cette égalité des volumes s'exprime en disant que ces corps sont *équivalens* entre eux.

Les corps *égaux* sont ceux qui renferment le même volume et qui sont semblables dans toutes leurs parties.

———

La surface d'un prisme droit, sans y comprendre les deux bases, fig. 66, *est égale au contour de sa base ABCDEFGH, multiplié par la longueur A'H' de l'une de ses arêtes.*

Surface H"H" H"'H"' = H"H" $\times$ H"'H"'.

La surface d'un prisme oblique, sans y comprendre les deux bases, fig. 67, *est égale au contour de la section droite a'b'c'd', multiplié par la longueur A'E' de l'une des arêtes.*

Surf. A"B"C"D"A"E"H"G"F"E" = a"a" $\times$ A"E".

Le volume V d'un prisme quelconque est égal au produit de la surface de sa base par sa hauteur, ou par la distance des deux bases.

Pour la *fig.* 66, V. = surf. ABCDEFGH $\times$ A'H'.
Pour la *fig.* 67, V. = surf. ABCD $\times f$F'.

La surface d'une pyramide régulière, fig. 68, *sans y comprendre la base, est égale au produit du contour de sa base* par la moitié de la perpendiculaire abaissée du sommet sur l'un des côtés de la base ou par l'apothème.

$$\text{Surf. } S''A''B''C''D''E''F''G''H''A'' = A''B''C''D''E''F''G''H''A'' \times \frac{S''T''}{2}$$

La surface d'une pyramide quelconque, fig. 69, est égale à la somme des surfaces des triangles $S''C''A''$, $S''A''B''$ et $S''B''C''$ qui la composent.

Le volume V d'une pyramide quelconque est égal au produit de la surface de sa base par le tiers de sa hauteur.

$$\text{Pour la } \textit{fig. } 68, \; V = \text{surf. } ABCDEFGH \times \frac{S's}{3}$$

$$\text{Pour la } \textit{fig. } 69, \; V = \text{surf. } ABC \times \frac{S's}{3}$$

La surface S du cylindre droit, fig. 70, est égale au produit de la circonférence de sa base par sa hauteur.

$$\textit{Fig. } 70, \; S = I'I'' \times I''I'''$$

La surface S d'un cylindre oblique, fig. 71, est égale au produit du contour de sa section droite par la longueur de l'une de ses génératrices.

$$\textit{Fig. } 71, \; S = f''f'' \times F''X''.$$

Le volume V d'un cylindre quelconque est égal au produit de la surface de sa base par sa hauteur.

$$\text{Pour la } \textit{fig. } 70, \; V = \text{surf. } ABCDEF\ldots \times I'S'.$$
$$\text{Pour la } \textit{fig. } 71, \; V = \text{surf. } ABCDEF\ldots \times S'S.$$

La surface S du cône droit, fig. 72, est égale au produit de la circonférence du cercle qui lui sert de base, par la moitié de son côté.

$$\textit{Fig. } 72, \; S = I''A''B''C''D''E''F''G''H''J''O''Q''I'' \times \frac{S''I''}{2}$$

Le volume V d'un cône quelconque est égal au produit de la surface de sa base par le tiers de sa hauteur.

Pour la *fig.* 72, V = surf. A B C D E F...... $\times \dfrac{S'\,C'}{3}$

Pour la *fig.* 73, V = surf. A B C D E F...... $\times \dfrac{S'\,s'}{3}$

La surface S d'une sphère est égale au produit de la circonférence d'un de ses grands cercles par le diamè-tre. Ainsi Si O I, *fig.* 74, est le diamètre de la sphère, la circonférence d'un de ses grands cercles sera exprimée (*problème* 45) par 3,1416 $\times$ O I.

Par conséq., surf. S = 3,1416 $\times$ OI $\times$ OI = 3,1416 $\times$ OI².

Si on substitue à la place du diamètre OI le double du rayon O C, on aura pour la surf. S de la sphère exprimée au moyen du rayon S = 3,1416 $\times$ 4 OC $\times$ OC = 3,1416 $\times$ 4 OC².

Il suit de là que *la surface de la sphère est quadruple de celle d'un de ses grands-cercles.*

L'aire de la portion de sphère ou *zône sphérique* comprise entre deux plans parallèles, *est égale au produit de la circon-férence d'un grand cercle par la distance de ces plans.*

L'aire de la portion de sphère ou *calotte sphérique* dé-crite par un arc du cercle générateur, *est égale au produit de la circonférence d'un grand cercle par la partie du diamètre qui mesure la hauteur de la calotte.*

Le volume V de la sphère, *fig.* 74, *est égal au produit de sa surface par le tiers du rayon.*

Ainsi V = 3,1416 $\times \frac{1}{3} \times$ OC $\times$ OC $\times$ OC = 3,1416 $\times \frac{1}{3} \times$ OC³

Le volume du corps ou *secteur sphérique* décrit par un secteur circulaire en tournant autour d'un des rayons qui le terminent, *est égal à la surface de la calotte sur laquelle il s'appuie, multiplié par le tiers du rayon.*

Si a représente le rayon d'une sphère donnée, sa surface S sera égale à $3,1416 \times 4\,a^2$, et son volume V à $3,1416 \times \frac{4}{3}\,a^3$; de plus, les arêtes, les surfaces et les volumes des cinq polyèdres réguliers inscrits à cette sphère seront exprimés par les formules suivantes :

Pour le tétraèdre inscrit.

$$\text{L'arête} \quad = \ldots \frac{3\,a}{2}$$

$$\text{La surface} = \ldots \frac{9\,a^2}{4} \times \sqrt{3}$$

$$\text{Le volume} = \ldots \frac{3\,a^3}{8} \times \sqrt{3}$$

Pour l'hexaèdre inscrit.

$$\text{L'arête} \quad = \ldots \frac{a}{3} \times \sqrt{10}$$

$$\text{La surface} = \ldots \frac{20\,a^2}{3}$$

$$\text{Le volume} = \ldots \frac{40\,a^3}{27}$$

Pour l'octaèdre inscrit.

$$\text{L'arête} \quad = \ldots \frac{a}{4} \times \sqrt{21}$$

$$\text{La surface} = \ldots \frac{21\,a^2}{8} \times \sqrt{3}$$

$$\text{Le volume} = \ldots \frac{21\,a^3}{32} \times \sqrt{3}$$

Pour le dodécaèdre.

$$\text{L'arête} = \frac{a}{6} \times \sqrt{\frac{11\sqrt{5}}{2}} \times \sqrt{\sqrt{5}-1}$$

$$\text{La surf.} = \frac{55\,a^2}{12} \times \sqrt{\frac{\sqrt{5}}{2}} \times \sqrt{1+\sqrt{5}}$$

$$\text{Le vol.} = \frac{275\,a^3}{216} \times \sqrt{\frac{\sqrt{5}}{2}} \times \sqrt{1+\sqrt{5}}$$

Pour l'icosaèdre.

$$\text{L'arête} = \ldots \frac{a}{10} \times \sqrt{57}$$

$$\text{La surface} = \ldots \frac{57\,a^2}{20} \times \sqrt{3}$$

$$\text{Le volume} = \ldots \frac{171\,a^3}{200} \times \sqrt{3}$$

DESSIN LINÉAIRE.

PARTIE GRAPHIQUE.

DU TRACÉ DES MOULURES ET DE LEUR ENSEMBLE.
(Planche 11.)

Après avoir dessiné les différentes figures de géométrie qui précèdent, l'élève est naturellement amené au *dessin linéaire*, dont nous allons nous occuper, de ce dessin qui s'exécute presque en entier à l'aide de la règle, du compas et de l'équerre. Son avantage est d'accoutumer l'œil à juger des proportions, des divisions et des distances des objets, et de procurer les moyens de tracer avec précision et facilité toutes espèces de figures régulières et irrégulières, de quelque nature qu'elles soient.

FIGURE 1. *Moyen employé pour obtenir une perpendiculaire et une horizontale sur une feuille de papier, soit volante, soit fixée sur une planchette.*

Supposez une feuille de papier volante ABDE, au milieu de laquelle vous voulez tracer, 1° une perpendiculaire, 2° une horizontale devant se couper à angle droit. Pour trouver les deux milieux, rapprochez l'un de l'autre les coins A B; après les avoir mis exactement l'un sur l'autre, pincez le pli de la feuille de papier, cela vous donnera le point C, qui en est exactement le milieu; répétez cette opération pour les coins D E, et vous obtiendrez le point F, qui est également le milieu de cette seconde partie de la feuille; de ces deux points C F tracez une ligne, vous aurez la perpendiculaire demandée.

Cette première ligne obtenue, placez l'un sur l'autre les points C F, pincez le pli de la feuille à son milieu, vous au-

rez le point G. De ce point, et avec une ouverture de compas, tracez à volonté les sections HI; de ces deux points,
tracez les sections KL; les points de rencontre de ces dernières vous serviront à tracer l'horizontale demandée.

Cette opération est très-facile à comprendre et à exécuter; elle ne demande que de la précision. On doit donc
être attentif à ne pas passer à côté des points donnés par
les plis de la feuille de papier, comme de ceux obtenus par
les sections KL. Nous insistons d'autant plus sur la néces-
sité de mettre toute la rectitude possible dans cette opération première, que d'elle dépendra, comme on le verra
dans la suite, toute la justesse du dessin dont ces deux lignes seront la principale base; et, telle est à nos yeux l'importance de cette opération, que nous la rappellerons, au
moins par des lignes ponctuées, toutes les fois que l'espace
nous le permettra, avant de commencer une nouvelle démonstration, car, nous le répétons, ces deux lignes sont les
premiers régulateurs de la règle et du compas.

Fɪɢ. 2. *Manière de fixer sur une planchette la feuille de
papier sur laquelle on doit dessiner.*

Quand un dessin est destiné à être ombré au lavis, on
est obligé de tendre et de fixer sur une planchette unie la
feuille de papier sur laquelle ce dessin doit être exécuté.
Voici comment on s'y prend :

On passe légèrement une éponge mouillée sur le côté de
la feuille opposé à celui destiné à recevoir le dessin; quand
le papier est imbibé partout, on en fixe les bords sur la
planchette avec de la colle à bouche, en ayant soin de
mettre entre elle et la planchette une autre feuille sèche
un peu moins grande; on commence le collage par les milieux, on passe ensuite aux quatre angles. En se séchant, la
feuille se tend parfaitement. Comme il n'est plus possible de
trouver les points de la perpendiculaire et de l'horizontale
obligées, par le seul pli du papier à son milieu, puisque la
feuille est fixée, des angles A B, on décrit la section C; des
angles D E, et avec la même ouverture de compas, on décrit la section F; ces deux sections donnent les deux points
par où doit passer la perpendiculaire; des points C F, sans

changer l'ouverture du compas, on trace les sections G H, et l'on a les points de l'horizontale.

Les lignes droites et les portions de cercle décrits sur cette *fig.* 2, n'ont d'autre objet que de faire comprendre à l'élève qu'il ne doit pas craindre, dans son tracé au crayon, de prolonger ses perpendiculaires et ses horizontales au delà du nécessaire, principalement celles que nous avons ponctuées qui indiquent les saillies. Les lignes croisées qui résulteront de cette manière d'opérer lui feront mieux voir, quand il devra mettre à l'encre, le point de départ et d'arrêt du tire-ligne ou de la plume.

Dans sa mise au net à l'encre, l'élève devra commencer par les courbes, afin que les lignes droites partent bien toutes des points où les courbes se seront arrêtées.

Les formes architecturales étant, de toutes celles usitées dans les arts et métiers qui tiennent au bâtiment, à la décoration, à l'ameublement, celles qui s'emploient le plus fréquemment, et dont le tracé offre le plus de difficultés, parce qu'il n'a rien d'arbitraire et demande une rectitude absolue, nous allons enseigner à l'élève comment s'exécutent sur le papier les différens membres qui entrent dans la composition des ordres d'architecture, et nous l'amènerons peu à peu à pouvoir construire de lui-même, à l'aide du compas, de la règle, de l'équerre et du crayon, un de ces ordres dans son entier et dans ses justes proportions.

Fig. 3. *Tracer un quart de rond droit supporté par trois réglets.*

Après avoir tracé la perpendiculaire et l'horizontale qui, comme nous l'avons dit, doivent servir de régulateur à toute opération, nous supposons la ligne A B être la perpendiculaire que nous a donnée le milieu de notre feuille de papier.

Sur cette perpendiculaire vous marquez avec le compas, en les relevant sur l'échelle, les dimensions que vous voulez donner aux réglets et au quart de rond, en prenant pour point de départ l'horizontale C. Ainsi, portez-y 0,096 pour les trois réglets, chacun ayant 0,032 ; puis 0,244 pour le quart de rond ; ensuite, sur l'horizontale F, à partir de la perpendiculaire A B, marquez 0,045 pour avoir le point E, centre du quart de rond ; puis, pour limiter la saillie des réglets, divisez en trois parties égales l'intervalle entre les deux perpendiculaires A B et E D ; enfin, partagez également en trois les 0,096 de la hauteur totale des trois réglets ; quand tous ces points seront relevés, vous tracerez parallèlement les horizontales et les perpendiculaires des réglets, ainsi que le quart de rond, et votre figure sera complètement dessinée et dans les formes et proportions voulues.

Fig. 4. *Quart de rond droit avec baguette, réglet et congé, ou quart de rond renversé.*

Comme à l'exemple précédent, portez sur la perpendiculaire A B les dimensions respectives de chacune des moulures que vous voulez figurer, savoir 0,244 pour le quart de rond ; 0,095 pour la baguette ; 0,045 pour le réglet ; 0,054 pour le congé ou quart de rond renversé. Ces 0,054 du congé, portez-les sur l'horizontale D, à partir de la perpendiculaire A B ; cette ouverture de compas vous donnera le point E, qui servira à descendre la perpendiculaire E C, laquelle déterminera la saillie du réglet, et recevra les centres E F G, d'où devront être décrits le quart de rond droit, la baguette et le quart de rond renversé.

Fig. 5. *Plinthe surmontée d'un réglet et d'un congé droit.*

La hauteur de la plinthe devant être de 0,096, celle du réglet de 0,047, et celle du congé droit de 0,190, vous marquerez ces hauteurs sur la perpendiculaire A B. Ensuite, à 0,21 de cette perpendiculaire, vous élèverez une autre perpendiculaire C, laquelle, coupant à angle droit la ligne supérieure déterminant la hauteur du congé, vous donnera le point D, centre d'où vous tracerez ce congé. La saillie de la plinthe sur le congé et le réglet devant être de 0,020, vous marquerez cette saillie et tirerez une droite parallèle à A B, ce qui terminera le tracé de votre figure.

Fig. 6. *Plinthe, tore, réglet, congé droit, autrement dit quart de rond renversé.*

Après avoir reporté sur la ligne A B les hauteurs res-

pectives de ces différentes moulures, qui sont : pour la
plinthe, 0,196, pour le tore, 0,237, pour le réglet,
0,054, pour le congé aussi 0,054, vous tracerez, à 0,054
de A B, la perpendiculaire C, qui limitera la saillie du
réglet et donnera, à sa jonction avec la ligne supérieure, le
point D, d'où vous décrirez le congé. Puis vous diviserez
en deux parties égales la hauteur du tore, ce qui vous donnera le point E; vous décrirez son demi-cercle, dont la
saillie, tirée à plomb et ponctuée en F, déterminera celle
de la plinthe, qui est de 0,173.

Fig. 7. *Talon, moulure concave par le bas et convexe par*
le haut.

La perpendiculaire A B étant établie, marquez-y la hauteur de ce talon, laquelle est de 0,244; puis sur l'horizontale C sa saillie, qui est de 0,217 dans sa partie supérieure, et de 0,013 dans sa partie inférieure. Ces saillies hautes et basses vous donneront les
points C D. De ces deux points tracez la diagonale E,
cherchez le milieu de cette diagonale, qui sera F, et, de
cette ouverture de compas, tracez les portions de cercle
G H; puis, sans changer l'ouverture du compas, les sections I J, en prenant pour centres C D. Cette opération un
peu compliquée vous donnera en I J les centres pour tracer les deux parties semblables, mais inverses, qui composent le profil d'un talon.

L'élève aura soin de ne pas déranger l'ouverture du
compas que lui aura donné le milieu de la diagonale E; autrement il ne pourrait arriver au résultat cherché.

Fig. 8. *Talon renversé entre une plinthe et deux réglets.*

Cette figure étant la même que la précédente, mais présentée en sens inverse, et son tracé étant identiquement le
même, on opérera comme il a été dit *fig.* 7, après avoir
marqué sur la perpendiculaire A B les dimensions de chaque
objet. Ces dimensions sont : hauteur de la plinthe, 0,129,
du réglet inférieur, 0,047, du talon, 0,257; du réglet supérieur, 0,054; saillie inférieure du talon, à partir
de la perpendiculaire A B, 0,217; saillie supérieure,

0,047. Le réglet supérieur rentre de 0,020 sur le talon ; le réglet inférieur saille d'autant que l'autre rentre ; la plinthe a 0,257 de large à partir de la perpendiculaire A B.

Dans les *fig.* 7 et 8, les lettres d'opérations étant les mêmes, l'explication de la première servira à la seconde.

FIG. 9. *Doucine droite supportée par un réglet et surmontée d'un listel, espèce de réglet servant d'accompagnement à une moulure.*

La doucine ne diffère du talon qu'en ce que ses courbes sont plus allongées. Après avoir dessiné les *fig.* 6, 7, 8, celle-ci n'offre aucune difficulté, d'autant plus que les opérations sont ponctuées et les cotes indiquées.

Bien que nous ayons coté toutes nos figures, s'il arrivait que des places trop petites ne nous aient pas donné la possibilité d'indiquer certaines cotes, l'élève y suppléera au moyen de l'échelle. En prenant la hauteur ou la largeur d'une moulure ou sa saillie, et en la reportant sur l'échelle, il pourra se rendre compte de sa dimension.

FIG. 10. *Doucine renversée, reposant sur un réglet et une plinthe, et supportant un tore, un réglet et un congé.*

Après avoir tracé toutes ses hauteurs sur la perpendiculaire A B et ses saillies à partir de cette même perpendiculaire, l'élève tirera la diagonale E, ayant pour point de départ C D, donnés par la saillie des réglets inférieurs et supérieurs. Il divisera par moitié cette diagonale, et le reste comme aux *figures* précédentes.

Nota. Faute d'espace, la plinthe de la *fig.* 10 n'ayant pas la hauteur cotée, l'élève devra rétablir cette hauteur sur son dessin : elle doit avoir 0,^m65.

FIG. 11. *Talon avec réglet, vu de face et de profil.*

Cette figure s'emploie fréquemment en guise de console ou de support. De face, elle présente un carré long, divisé à son milieu par la perpendiculaire A et l'horizontale B, sur lesquelles on devra marquer ses dimensions de largeur et de hauteur aussi bien que les saillies du réglet qui la surmonte. Ces diverses dimensions une fois fixées suffisent pour tracer complètement la figure.

De profil, l'opération est plus compliquée : elle s'exécute comme on l'a déjà vu *fig.* 9, 10. Ainsi de C à D on tire la diagonale E, dont le milieu F est, avec C D, le centre d'où se décrivent les sections G H, qui deviennent à leur tour les centres pour tracer les portions de cercle F D et F C figurant le talon.

FIG. 12. *Modillon vu de face et de profil.*

Ainsi que le talon de la *fig.* précédente, le modillon peut servir de console et être employé à l'ornement des corniches. Celui-ci est surmonté d'un filet ou petit listel, et d'un quart de rond droit.

Après avoir marqué les hauteurs et les saillies, on aura trouvé, par les perpendiculaires élevées sur les saillies C C'C" du listel, les points de centre D D'D" pour décrire les trois quarts de rond. Quant au profil du modillon, dont les courbes sont ordinairement laissées au goût de l'artiste et n'ont pas par cette raison de points déterminés, nous avons ponctué un mauvais exemple à côté de celui que nous offrons comme bon, et nous avons indiqué par 1, 2, 3, 4, les centres d'où peuvent se tracer les quatre portions de cercle dont il se compose. On comprend que ces centres ne peuvent servir qu'au modèle que nous avons choisi, et qu'il en faudrait d'autres si l'on voulait tracer au compas le profil ponctué à côté ; aussi avons-nous indiqué par + + les centres d'où l'on pourrait tracer celui que nous jugeons défectueux.

FIG. 13, 14, 15, 16. *Profil du piédestal, de la base, du chapiteau et de l'entablement de l'ordre toscan, d'après Vignole, dont la* fig. 17 *donne la masse en petit.*

En donnant ces fragmens de l'un des cinq ordres d'architecture, nous avons eu seulement en vue d'offrir des exemples d'application des différentes moulures dont nous venons d'enseigner le tracé. Nous engageons l'élève à dessiner au double et dans leur ensemble ces fragmens dont, faute de place, nous ne présentons qu'une moitié. Il saura que la ligne A B de la *fig.* 13 est celle du profil du piédestal, et que la largeur de ce piédestal est de 2 modules 2 parties, d'après l'échelle dont nous allons indiquer la construction et les valeurs, et que la ligne A B, dans les *fig.* 14, 15, 16, marque le milieu de l'entablement du chapiteau et de la base. Les saillies se mesureront à partir de la ligne C D.

Fig. 18. *Echelle de modules.*

Les architectes, dans la construction des cinq ordres d'architecture, répondant à cinq modes ou types fondamentaux, se servent d'une échelle ayant pour base une partie quelconque de l'ordre qu'ils veulent construire. Le plus ordinairement ils adoptent, comme l'a fait Vignole, le demi-diamètre de la colonne, demi-diamètre qu'ils nomment module. Ce module, ils le subdivisent ensuite en minutes ou parties, et ces minutes en fractions plus ou moins petites, selon le caractère de l'ordre.

Pour l'ordre toscan, dont il est ici question, le module, ou demi-diamètre de la colonne, se divise en douze parties égales.

Pour mettre son échelle de proportion dans un juste rapport avec la place sur laquelle il se propose de reproduire en grand la *fig.* 17, l'élève devra additionner les grandes côtes de l'ordre, et dire : le piédestal a 4 m. 8 p., la base a 1 m., le fût de la colonne a 12 m., le chapiteau 1 m. et l'entablement 3 m. 6 p., en tout 22 m. 2 p. Ceci connu, il divisera en 22 parties la hauteur qu'il veut donner à son dessin, une de ces 22 parties subdivisée ensuite en 12 parties, numérotées de 3 en 3 par les chiffres 3, 6, 9, 12, lui donnera son échelle de module avec ses subdivisions.

Veut-on substituer le mètre au module, on supposera que la hauteur que doit occuper l'ordre complet est de 5 mètres : on divisera cette hauteur en 5, l'une de ces cinq parties sera un mètre, que l'on divisera en décimètres, en centimètres, en millimètres, etc. Il est facile maintenant de se rendre compte des proportions de l'ordre, *fig.* 17, en mesure métrique ; ainsi le piédestal a 1^m,05 ; la colonne, compris base et chapiteau, 3^m,16, et l'entablement 0,79 ; total, 5 mètres.

Une fois l'échelle établie et divisée avec précision (nous parlons de l'échelle de module), on relèvera toutes les mesures sur cette échelle, on les reportera sur le dessin, en ayant soin de les prendre toujours du même point ; on établira d'abord les grandes masses, telles que la hauteur totale du piédestal, celle de la base, du fût de la colonne, du chapiteau et de l'entablement ; puis, après avoir fixé les différentes saillies par des diagonales, on indiquera leur masse (voir *fig.* 17), ensuite viendront les détails.

Par exemple, *fig.* 14, la plinthe qui supporte la base de l'ordre ayant de haut six parties, on posera une des pointes du compas sur le chiffre 1 de l'échelle, on l'ouvrira jusqu'à ce que l'autre pointe touche le chiffre 6, cette ouverture de compas, on la transportera sur la perpendiculaire A B en partant de la ligne de terre E. Le tore ayant cinq parties, on additionnera ces cinq parties avec les six de la plinthe ; cela donnera onze parties ; ces onze parties, on les prendra d'une fois sur l'échelle, et les transportera sur la ligne A B en partant, comme la première fois, de la ligne de terre E ; pour toutes les autres mesures on procèdera de même. Cette règle est générale ; elle évite les différences qui résultent ordinairement des opérations fractionnaires multipliées ; différences qui sont d'autant plus sensibles dans un dessin, que les opérations ont été plus nombreuses et plus minutieuses.

Il est bien entendu, nous l'avons déjà dit, et nous le répétons parce que l'élève ne saurait trop y faire attention, que toutes les lignes indiquant les hauteurs et les saillies ont pour base de leur tracé la perpendiculaire et l'horizontale qu'il aura établies en premier lieu.

DES PLANS, DES COUPES ET DES ÉLÉVATIONS.

(Planche 12.)

Avant de passer à la démonstration des dessins qui vont suivre, nous devons faire comprendre aux élèves ce que l'on entend par plan, coupe et élévation d'un objet quelconque. On nomme PLAN le tracé des lignes que décrirait l'objet, si on le coupait horizontalement au niveau et à une certaine hauteur du sol sur lequel il serait posé ; COUPE, la configuration de la forme qu'aurait l'intérieur de ce même objet après avoir été fendu verticalement de haut en bas, et qu'on lui aurait enlevé ainsi une partie de son épaisseur; ÉLÉVATION, la représentation de sa forme extérieure dans ses justes proportions. Les diverses faces d'un objet pouvant ne pas se ressembler, l'élévation de chacune d'elles prend un nom différent. Quand on parle d'un monument d'architecture, on entend par *élévation* la face principale ; par *élévation latérale* celle des flancs de l'édifice ; par *élévation postérieure* celle opposée à la face antérieure.

Supposons que nous ayons à faire exécuter en bois ou en pierre une cuve de la dimension de 2 mètres carrés sur 1,^{m}30 de hauteur ou de profondeur.

Nous devons commencer par en tracer le plan. Pour le faire d'une manière convenable, il nous faut une échelle, car c'est ici, comme pour tout dessin dont on veut mettre les parties en rapport de proportion, le point de départ.

FIG. 1. *Échelle de proportion.*

La cuve dont nous allons nous occuper ayant 2 mètres dans sa plus grande dimension, nous avons donné 2 mètres à notre échelle. Selon les cas, on la fait plus ou moins grande.

FIG. 2. *Plan de la cuve.*

Avant de dessiner le plan de la cuve, *fig.* 2, nous traçons notre ligne horizontale et notre ligne perpendiculaire, base obligée de toute opération graphique ; nous prenons ensuite, avec le compas, un mètre de l'échelle, *fig.* 1, que nous marquons, du point de jonction 1, *fig.* 2, en 2, 3, 4, 5 ; nous tirons les horizontales et les perpendiculaires passant par ces points, cela nous donne le plan de notre cuve quadrangulaire dans la proportion demandée. Les parois devant avoir 0,^{m}10 d'épaisseur, nous transportons ces 0,^{m}10 de l'échelle sur le plan, en dedans des points 2, 3, 4, 5 ; nous tirons des parallèles semblables aux premières, et notre plan indique à la fois et la forme de la cuve et l'épaisseur de ses parois ; le tuyau nécessaire à l'écoulement des eaux devant avoir 0,^{m}14 de diamètre et une saillie d'environ 0,^{m}19, nous opérons de la même manière, et nous nous trouvons avoir rendu compte sur notre dessin des différentes dimensions horizontales de la base de notre cuve.

Nous devons faire remarquer, comme règle générale, que les plans se teintent en noir, les coupes en rouge très-léger.

Ici ne voulant pas, pour les plans, perdre les lignes ponctuées indiquant nos opérations, nous avons été obligé de ne les teinter que légèrement ; cependant nous avons observé une différence entre les teintes des plans et celles des coupes.

Fig. 3. *Coupe de la cuve sur la ligne AB, ou plan vertical.*

Pour obtenir cette coupe, d'après le plan nous élevons les perpendiculaires 6 et 7 ; elles nous donnent l'extérieur de la cuve ; puis celles 8 et 9, qui nous en donnent l'intérieur ; puis nous traçons les deux parallèles 10 et 11 à o^m,14 de distance l'une de l'autre ; lesquelles indiquent le fond de la cuve et son épaisseur ; prenant ensuite 1,^m46 sur notre échelle, nous les portons, à partir du point 10, jusqu'au point 12, d'où nous tirons une horizontale qui détermine la hauteur intérieure de cette cuve. En coupe comme en élévation, la saillie du tuyau *a* devant être la même, nous élevons la perpendiculaire 13 : elle nous donne cette saillie.

Fig. 4. *Élévation géométrale de la cuve.*

Après avoir fait connaître, au moyen du plan et de la coupe, la largeur et la profondeur de la cuve, il nous reste à montrer sa forme extérieure par une élévation géométrale.

Pour faire ce dessin, qui est d'une grande simplicité, nous élevons du plan les perpendiculaires 6 et 7 ; elles nous donnent la largeur exacte de la cuve ; nous prenons, sur la coupe, sa hauteur, qui est à partir du point 10 au point 12, et, portant cette distance sur la ligne de terre D, nous avons l'horizontale E qui en détermine la hauteur. Les lignes ponctuées sur l'élévation indiquent l'intérieur de la cuve. La perpendiculaire 13, prolongée, nous donne pour l'élévation, comme elle nous l'a donnée pour la coupe, la saillie du tuyau.

Fig. 5, 6, 7. *Plan, coupe, élévation d'un fût de colonne posé sur un socle carré.*

Le socle qui supporte ce fût de colonne aura 2 mètres carrés sur 0,^{m}27 de haut; le fût de la colonne aura 1,^{m}19 de haut.

Fig. 5. *Plan du socle et du fût de la colonne.*

Comme nous l'avons fait précédemment, nous commençons par établir le plan. Après avoir tracé notre horizontale et notre perpendiculaire, nous prenons sur notre échelle 1 mètre, et, partant du point de centre A, nous marquons les points B, B', B'', B''', qui nous donnent un carré de 2 m. en tous sens figurant le socle. Du même point A, après avoir pris sur l'échelle 0,^{m}84, qui sont la moitié du fût, nous traçons la ligne sphérique C, laquelle marque l'extérieur de la colonne, celle D, qui en marque l'intérieur : la paroi du fût doit avoir 0,^{m}16 d'épaisseur.

Fig. 6. *Coupe sur la ligne B B'' (équivalent à la ligne AB de la fig. 2).*

Après avoir marqué 0^m,27 pour la hauteur du socle E, 1^m,19 pour celle du fût F, nous élevons, à partir du plan *fig.* 5, les verticales 1, 2, 3, 4, 5, 6. Celles 1 et 6 nous donnent la largeur du socle, celles 2 et 5 le diamètre de la colonne, enfin celles 3 et 4 l'épaisseur de la paroi.

Fig. 7. *Élévation géométrale.*

Après avoir, comme à la coupe *fig.* 6, marqué la hauteur du socle E, et celle du fût F, nous élevons les verticales 1 et 6 : elles nous donnent la saillie du socle; celles 2 et 5 le diamètre de la colonne.

Fig. 8. *Plan d'une cabane.*

Nous voulons faire exécuter une cabane, ou une maisonnette de 3^m,90 carrés extérieurement, et 3^m,33 intérieurement, ayant une porte d'entrée et deux fenêtres.

Pour tracer le plan de cette maisonnette d'après le programme donné, nous prenons sur l'échelle 1,^{m}95, qui font la moitié de la largeur désignée pour la cabane; nous transportons notre ouverture de compas du point de centre F en G G' G'' G'''. Les parallèles et les horizontales tirées de ces points nous donnent les lignes extérieures du mur; les autres parallèles, tirées à 0^m,325 en retrait de la précédente, donnent la ligne intérieure de la cabane. La largeur d'une porte ayant ordinairement 1 mètre, nous prenons 0,50 sur l'échelle, ou la moitié de cette largeur, que nous reportons à droite et à gauche de la perpendiculaire au point G'''. Au tiers environ de l'épaisseur du mur, nous élargissons un peu l'ouverture en *a* pour donner place au bâtis de menuiserie qui devra clore la porte. Pour les croisées D E, qui doivent avoir 0^m,81 extérieurement d'ouverture, et 1 mètre intérieurement, nous opérons de même, et notre plan est construit exactement sur les données du programme.

Fig. 9. *Coupe de la cabane sur la ligne* A B *du plan.*

Notre plan une fois arrêté, nous élevons les verticales 1 et 4; elles nous donnent la largeur extérieure de la maisonnette; puis celles 2 et 3, qui en désignent la largeur intérieure; enfin, celles 5 et 6, qui décrivent l'embrasure des fenêtres. L'appui H de ces fenêtres devant être élevé de 0,^{m}65 à partir du sol, nous prenons ces 0^m,65 sur notre échelle, et les portons sur la perpendiculaire indiquant le milieu de notre coupe; nous opérons de même pour la hauteur I, qui est 1,^{m}38, à partir de l'appui; la hauteur du plafond J est de 3,^{m}66, son épaisseur K de 0,^{m}325; la toiture L, qui s'appuie sur la corniche K, a de haut 3,^{m}65. Nous ne l'avons pas teintée en coupe comme le reste, afin de ne pas cacher le titre de la figure, mais l'élève devra continuer cette teinte dans toute la hauteur de la toiture.

Fig. 10. *Élévation géométrale de la cabane.*

En élevant du plan, comme aux exemples précédens, les perpendiculaires 1 et 4, nous avons la largeur de notre maisonnette; les perpendiculaires 7 et 8 nous donnent la

place et la largeur de porte G''' du plan, comme 5 et 6
nous ont donné la largeur de la fenêtre pour la figure précédente ; la hauteur I, transportée de la coupe sur l'élévation, détermine la hauteur de la fenêtre comme celle de la
porte, et J K celles du plafond et de son épaisseur. La hauteur de la toiture L est la même en élévation qu'en coupe ;
la corniche K ayant $0^m,325$ de saillie et $0^m,325$ de haut,
son profil présente la figure d'un carré coupé à angle droit.

Fig. 11. *Plan d'un dé carré sur lequel est posé un poteau ou
pied-droit supportant un poitrail. (On nomme ainsi une
pièce de bois horizontalement placée sur deux poteaux
ou pieds-droits.)*

Fig. 12. *Coupe du dé et du poteau prise sur la ligne A B du
plan.*

Fig. 13. *Élévation géométrale du dé et du poteau.*

Fig. 14. *Plan d'une colonne sans base posée sur un
piédestal.*

Dans ce plan, la partie circulaire indique la colonne.

Fig. 15. *Coupe du piédestal et de la colonne prise sur la
ligne A B du plan.*

Fig. 16. *Élévation géométrale du piédestal et de la colonne.*

Le chapiteau de cette colonne n'est indiqué qu'en masse.

Après les démonstrations nombreuses que nous avons
faites des figures précédentes, nous croyons inutile de
décrire la manière de relever et de tracer celles-ci. Les lignes ponctuées, partant des plans, disent assez que la méthode à pratiquer est toujours la même ; nous nous sommes
contenté de coter chacune des figures. Il nous reste à re-
commander à l'élève de suivre ces cotes bien exactement.

MEUBLES.

(Planche 13.)

N. B. L'exiguité des espaces, ne nous ayant pas permis
de coter les dimensions des petits détails, l'on y suppléera
à l'aide de l'échelle lorsqu'on voudra développer nos mo-
dèles.

Fig. 1. *Dessin d'une commode.*

Après avoir établi la ligne d'axe et les perpendiculaires
A B, on marque sur ces perpendiculaires les hauteurs des parties principales du meuble, comme celles de la plinthe C et du
marbre D uni à la petite moulure qui le supporte. On marque, à droite et à gauche des perpendiculaires A B, la largeur des pieds H I ; ensuite, à la distance de 0^m08, l'espace de la plinthe C et la saillie du marbre avec sa moulure D ; on trace les horizontales E F, donnant le milieu
du tiroir du bas et de celui du haut; cette distance E F,
divisée en deux, donne l'horizontale G pour milieu de
l'autre tiroir, ainsi les horizontales E, F, G déterminent bien le milieu des trois tiroirs ; puis, à égale distance de A B, on élève les perpendiculaires J K, lesquelles, en se coupant à angle droit avec les horizontales
E F G, donnent les points de centre pour tracer au compas
les anneaux 5, 6, 7, 8, 9, 10. Les numéros 1, 2, 3, 4,
indiquent les champs réservés entre le bâtis fixe et les tiroirs
mouvans, lequel a une double valeur en haut et en bas du
tiroir du milieu. Ces divisions opérées, on trace ses lignes,
on donne aux saillies L M N leur valeur et leur forme, et le
meuble est dessiné dans ses proportions.

Fig. 2. *Plan et élévation d'une petite toilette.*

Le plan de ce petit meuble est un carré long dont les lignes *a, b, c* sont les axes. Ce carré tracé, on établit les deux
perpendiculaires *d e* ; elles donneront les points pour décrire les cercles *f, f*, figurant les colonnes dont *g g* sont les
bases. A ces colonnes se fixe le miroir mobile *k* qui occupe
le milieu de la toilette.

Pour dessiner l'élévation de ce meuble, on commence
par établir les perpendiculaires *c, d*, qui sont, comme au

plan, le centre des colonnes ; sur ces perpendiculaires on marque toutes les hauteurs ; puis, de la ligne d'axe *c* et de *d* pour point de départ, on détermine la largeur des colonnes, les saillies des bases, des chapiteaux et des divers profils. Tous ces points une fois fixés d'après les cotes, on trace les lignes, et l'élévation du meuble se trouve avoir la forme exacte. Les deux fiches *i*, *j*, qui supportent le miroir *k*, se placent un peu au dessus du milieu, afin qu'il reprenne son aplomb par le seul effet de la plus grande pesanteur de sa partie inférieure.

Fig. 3. *Élévation d'un secrétaire.*

La partie inférieure de ce secrétaire ayant une grande ressemblance avec la commode, *fig.* 1, on opérera, pour le tracé des montans, des traverses, des saillies, des tiroirs, comme il a été dit, en commençant par les perpendiculaires A B. La partie supérieure du meuble est ouverte, afin d'en laisser voir les compartimens intérieurs. C, D indiquent l'épaisseur de l'abattant qui se loge dans les feuillures E, F, lorsque le meuble est fermé ; HF est la hauteur de cet abattant, dont G H est la largeur. La perspective qui a déterminé ce qu'on voit de la face intérieure de l'abattant et du plafond intérieur du meuble, est donnée par les quatre diagonales E, F, G, H, tendantes au point K. L'élévation ou l'abaissement de ce point K augmenterait ou diminuerait la partie visible de ce volet ou abattant, et de la partie supérieure du dedans du meuble. On indique ensuite, par les perpendiculaires L M, la largeur du tiroir du milieu, laquelle sera la même pour les petits tiroirs placés à droite et à gauche. Ces deux dernières largeurs, divisées en deux par les perpendiculaires N, O, donneront, en coupant à angle droit les horizontales P Q R, les places des six boutons servant à ouvrir les six tiroirs. Les lignes S, T, U indiquent la profondeur du secrétaire.

Fig. 4. *Table de nuit.*

Pour économiser l'espace, nous avons placé ce meuble derrière le lit, *fig.* 5, c'est ce qui motive le ponctué seulement des lignes figurant les parties cachées. Cette table de nuit est si simple de forme et d'un tracé si facile, après ce que nous avons déjà dit, que nous laissons l'élève opérer seul ; l'essentiel pour lui est de bien marquer ses cotes et de les suivre exactement.

FIG. 5. *Dessin d'un lit dit à bateau.*

Pour dessiner ce lit, on commence par établir les perpendiculaires A B, puis on détermine la largeur des deux montans par les parallèles C D, en ayant soin de tracer ces lignes dans toute la hauteur que devra avoir le lit. Cette opération faite, on marque toutes les horizontales donnant les différentes hauteurs. La partie supérieure de ces montans se trace en partie au compas, en partie à la main. Ainsi le point de centre E, du quart de rond renversé F, s'obtient en prenant la moitié de la largeur du montant C D, que l'on porte sur la perpendiculaire C à la hauteur environ de 0,018 de la petite baguette G. Le point de centre de la partie circulaire H s'obtient au moyen de l'horizontale I et de la perpendiculaire J, que l'on placera en suivant les cotes indiquées. Le profil entre G et H est, comme on le voit, une doucine très-allongée; nous en avons indiqué les points de centre *a, b*. Le surplus du contour se trace à la main. Quant aux parties ceintrées K, L, pour les tracer, d'une ouverture de compas M N, déterminée par les cotes, on décrit les sections O, qui seront les points de centre de la portion de cercle M K N. Il ne reste plus qu'à indiquer la saillie des socles P.

FIG. 6. *Plan d'une cheminée.*

Après avoir établi la perpendiculaire et l'horizontale obligées, on trace les deux perpendiculaires A B dans toute la hauteur de la feuille de papier, puis l'horizontale C D. Ces trois lignes établies, on marque l'épaisseur des pieds droits E F, la largeur du foyer G H ; on indique par les petites lignes, ici ponctuées, la naissance des diagonales I J, on trace ces diagonales ainsi que la barre de fer K, servant de support à la ventouse, puis la profondeur du foyer L ; ne reste plus qu'à marquer l'épaisseur des socles M. La ligne N O indique le mur sur lequel la cheminée est appuyée. Les parties teintées plus foncées des pieds droits indiquent qu'ils sont revêtus en marbre.

8

Fig. 7. *Elévation de la cheminée.*

Le dessin de l'élévation de cette cheminée devra être établi au dessus de son plan, tel que nous le présentons ici. Il n'offre aucune difficulté; la marche à suivre est la même qu'à la *fig.* 1. Ainsi on commence par tracer-toutes les hauteurs, telles que celle des socles P, de la ligne inférieure de la frise Q, de la tablette de marbre R qui la recouvre, de la barre de fer S qui supporte la ventouse, etc., etc.; et, relevant ensuite toutes les largeurs d'après le plan, comme l'indiquent les lignes ponctuées 1, 2, 3, 4 et 5 (même méthode qu'à la *pl.* 12, *des plans, des coupes et des élévations*), il ne reste plus qu'à marquer les saillies des chapiteaux T et celle de la table de marbre U.

Fig. 8. *Coupe de la cheminée prise sur la ligne milieu V X du plan.*

En plaçant à côté l'un de l'autre, dans ce dessin, la moitié du plan et la moitié de l'élévation vus en coupe, de la cheminée qui vient d'être décrite, en indiquant, par des lignes ponctuées, la correspondance des différentes parties, tant du plan que de l'élévation, nous croyons avoir assez fait, et que l'intelligence de l'élève suppléera à tout autre démonstration, qui ne serait d'ailleurs qu'une répétition de ce que nous avons déjà dit plusieurs fois. Y est la construction du foyer en briques, Z la maçonnerie derrière laquelle est le vide du tuyau de la cheminée.

Fig. 9. *Pendule.*

Les opérations préparatoires pour dessiner cette pendule sont toujours l'établissement des perpendiculaires et des horizontales; *a a* déterminent sa largeur, sur ces lignes on marque toutes les hauteurs indiquées par les cotes, en commençant par celle du socle, ou plinthe; puis de la doucine droite, y compris le filet haut et bas, et de l'autre doucine renversée, formant la corniche, etc., etc.; puis on trace les lignes. On marque ensuite les diverses saillies. Le point de centre pour tracer le cercle du cadran est donné par l'horizontale *c* se coupant avec la perpendiculaire *d*. Quand est tracé le cercle *e* destiné à recevoir les chiffres désignant les heures, on divise chacun des triangles 1, 2, 3, 4 en trois parties égales, par des lignes partant du centre, lesquelles donnent la place précise où les numéros du cadran doivent être écrits.

Fig. 10. *Vase.*

Sur la perpendiculaire A, on marque les hauteurs de ses différentes parties, en commençant par la base, composées d'une plinthe, d'un petit tore et d'un filet; la partie supérieure, formée d'un quart de rond renversé et d'un réglet ou filet au dessus. Pour obtenir les courbes de la panse de ce vase, et qu'elles soient bien parallèles, on trace à la main l'un de ses profils, en lui donnant le plus de grâce possible; on divise ensuite en quatre parties égales toute la hauteur intérieure du vase par les horizontales *b*, *c*, *d*, ou en un plus grand nombre de parties si la courbe est très-grande et d'un tracé difficile; puis, posant la pointe du compas sur les points où ces horizontales sont coupées par la perpendiculaire *a*, on porte le profil de la gauche à la droite, au moyen de demi-cercles, comme l'indiquent les numéros 1, 2, 3, 4, 5, 6 et 7, 8; en passant bien exactement sur les points 2, 4, 6 et 8, on aura un second profil bien semblable à celui 1, 3, 5, 7, etc., etc.

Fig. 11. *Flambeau.*

Comme à la figure précédente, on marque sur la ligne perpendiculaire *a* toutes les hauteurs, depuis la base jusqu'au chapiteau; on fixe ensuite les largeurs que doit avoir le flambeau à la hauteur des horizontales *b*, *b'*; puis on ouvre le compas de cette demi-largeur, et, posant l'une des pointes au point *c*, l'on trace le demi-cercle de la partie inférieure. Pour les autres courbes, ou portions de cercle, dont les lignes et centres d'opération sont ponctués, tels que la doucine, le quart de rond, etc., etc., consultez notre *planche 11*.

Fig. 12. *Flacon.*

Il faut, pour dessiner ce flacon, commencer par marquer sur la perpendiculaire *a* ses différentes hauteurs; comme celle de la base, du corps, des moulures du col, du bou-

chon , etc., etc.; puis on trace au milieu de *b c* l'horizontale
d, sur laquelle sont les points de centre 1 et 2, d'où seront
décrits les deux demi cercles formant le corps du flacon.
Ces points de centre s'obtiennent, comme nous l'avons dit,
en divisant en deux la distance qui est entre *b* et *c*, et en
portant l'une des pointes de compas, ainsi ouvert, sur la
perpendiculaire *e*, déterminant la saillie du corps. En opérant ainsi, on aura 1 , 2 pour centre du demi-cercle *b c*.
Pour donner plus ou moins de largeur au flacon, il suffirait
d'éloigner ou de rapprocher davantage de la perpendiculaire
a les points de centre 1, 2, sans rien changer à l'ouverture
du compas.

Fig. 13. *Autre vase.*

Le dessin de ce vase est un peu plus compliqué que celui des précédens exemples. Une fois les hauteurs établies
et les saillies fixées, on trace les perpendiculaires *a, b, c, d*
de la base qui, se coupant à angle droit avec l'horizontale
e, donnent les points de centre 1, 2, 3, 4, servant à tracer
cette base, appelée piédouche : son profil se nomme
scotie. Pour la partie supérieure, on élève les perpendiculaires *f*, *g*, déterminant la largeur du col du vase, et l'on
descend celle *i h*. Ces perpendiculaires, coupées par les horizontales *j*, *k*, *l*, donnent les points de centre 5, 6, 7, 8,
9, 10, servant à tracer les courbes de la partie supérieure
du vase, celles de son goulot et de ses anses *m* et *n*, dont
la partie haute s'obtient en divisant en deux la distance *t u*.
Il reste à tracer au compas la portion du profil qui doit unir
la base à la partie supérieure du vase. Comme nous l'avons
déjà dit, il ne peut y avoir de données précises pour ces
sortes d'opérations : c'est en partant des points *o p*, ou *q r*,
et en éloignant vers *s* la pointe opposée du compas, que
l'on cherchera le meilleur contour.

En posant sur cette cheminée des objets disparates de
forme, nous n'avons point eu l'intention, comme on pourrait le croire, d'offrir un ensemble de décoration, mais une
réunion d'exemples variés de dessin. Néanmoins, en ré-
pétant à gauche les objets de la droite, ou à droite les objets de la gauche, et en laissant la pendule au milieu, la
décoration, devenue régulière, pourrait être admise, et

donnerait deux motifs différens de décoration de cheminée.

Fig. 14. *Aiguière dans sa cuvette.*

Les démonstrations précédentes et les lignes ponctuées, au moyen desquelles les principales opérations graphiques de cet exemple sont expliquées, nous dispensent d'entrer dans de nouveaux détails. Si l'élève a profité, rien ne peut l'arrêter dans le tracé de ce dessin.

DIVERS MONUMENS MIS EN RAPPORT AVEC LEUR PLAN ET LEUR ÉLÉVATION.

(*Planche 14.*)

Nota. Tous ces monumens devront être dessinés séparément sur une feuille de papier assez grande, pour contenir plan, coupe et élévation, en suivant soigneusement les cotes indiquées.

Fig. 1. *Plan d'une grande porte ayant, à droite et à gauche, un mur décoré d'une niche pour recevoir une statue.*

Pour procéder méthodiquement, l'on dessinera d'abord le plan, en commençant par tracer l'horizontale A et la perpendiculaire B qui sont, l'une le milieu du mur, et l'autre le milieu de la porte. On indiquera les axes des pieds droits, C, ceux des deux niches, D. L'épaisseur du mur est de 0,^m65 ; les pieds droits ont 1,30 carrés ; les niches, 0,73 de large sur 0,^m325 de profondeur.

Fig. 2. *Elévation, sur une échelle double, de la porte dont la fig. 1 a donné le plan.*

Le plan de la porte étant une fois bien arrêté dans toute son étendue, et sur la même échelle qu'on veut suivre pour l'élévation (ici nous n'en donnons qu'une partie pour économiser l'espace ; elle suffira pour indiquer les rapports du plan avec l'élévation), on élève, du plan placé au dessous, les principales perpendiculaires devant donner la place et la largeur des grandes parties; sur l'une d'elles on marque la hauteur des socles E , F, celle du bandeau G, supportant la partie ceintrée de la porte , celle de la porte H , celle I du ceintre des niches, etc., etc. On tire ses horizontales en les prolongeant au delà des perpendiculaires O P des *fig.* 3 et 4 pour un motif dont nous parlerons ; puis on élèvera , du plan sur l'élévation , les perpendiculaires fixant la valeur des saillies L, M, etc. La perpendiculaire N , coupée par l'horizontale G , donne le point de centre de l'arcade de la porte, de même que les lignes I K, à leur rencontre, donnent celui des ceintres des niches. Selon les règles reçues, une porte doit avoir à peu près , en hauteur, deux fois sa largeur. Toutes les hauteurs et les largeurs étant indiquées, on s'occupera des détails, qui sont : la saillie de la corniche, les refends tracés sur les pieds droits Q , les briques superposées ornant les parties ceintrées de la porte et des niches.

Les refends sont alternativement en nombre pair et impair; on leur donne en largeur deux fois leur hauteur. Cette règle n'est rigoureusement à suivre qu'autant que la place sur laquelle ils doivent être tracés le permet, autrement on s'en rapproche le plus possible. Le ceintre de la porte est orné de trente-deux briques, celui des niches de seize seulement : nous avons adopté ces nombres comme plus faciles à diviser. Pour arriver à un prompt résultat, on divisera le ceintre de la porte en quatre parties égales , puis chacune en deux parties, puis en quatre : on opérera de même pour le ceintre des niches. Si l'on voulait chercher l'ouverture de compas qui donnerait juste ces 32 ou ces 16 divisions, on perdrait un tems considérable. Ces points une fois donnés, on trace à la règle, en partant des centres 5 et 6 , les divisions ou lignes de séparation de briques.

FIG. 3. *Coupe du mur prise sur la ligne D du plan,* fig. 1 , *et R de l'élévation,* fig. 2.

Les horizontales de la *fig.* 2, prolongées au delà des perpendiculaires O, P des *fig.* 3 et 4, indiquent la manière d'opérer. Quand nous avons dit, en décrivant la *fig.* 2, que toutes les horizontales E, F, G, H , etc. , indiquant les hauteurs, devaient outrepasser des perpendiculaires marquant les limites, nous avions un double motif; le premier est connu; le second procure les moyens de déterminer, sans nouvelle opération, les hauteurs de chacune des parties en coupe. Il ne reste plus alors qu'à prendre en D et C, sur le plan, l'épaisseur du mur et du pied droit pour avoir toutes les parties, en coupe, dans leurs justes proportions.

Fig. 4. Coupe de la porte dans toute sa hauteur, prise sur la ligne C du plan et N de l'élévation.

La prolongation des horizontales de la *fig.* 2 ayant donné les hauteurs des membres du pied droit de la plinthe, il ne reste plus qu'à en marquer l'épaisseur.

Fig. 5. Plan et élévation d'une porte ajustée avec des pilastres.

Pour dessiner ces deux figures, on établit d'abord, comme de coutume, les lignes d'axe et de base. On trace ensuite, dans toute la hauteur du papier, les perpendiculaires A B, donnant le centre des deux pilastres, puis on marque sur le plan leur épaisseur, celle du chambranle L, l'épaisseur du mur, etc.

Le plan une fois bien établi, bien arrêté, on marque sur les perpendiculaires prolongées A B la hauteur du chapiteau C, celle de l'architrave D, de la frise E et de la corniche F. On trace ensuite les horizontales aux hauteurs indiquées; ces horizontales tracées, on élève, d'après le plan, les perpendiculaires G H, qui donnent la largeur des pilastres, puis celles I J du chambranle L limitant la largeur de la porte, laquelle, doublée, détermine la hauteur de la baie. La saillie de la corniche F étant égale à sa hauteur, le carré qui en résulte, coupé par la diagonale K, donne la masse de son profil.

Fig. 6. Détails en grand de l'architrave, de la frise et de la corniche, dont la figure précédente n'a donné que la masse.

L'entablement qui couronne cette porte se compose, comme nous l'avons dit, d'une architrave D, d'une frise E et d'une corniche F. L'architrave est formé d'un listel soutenu par un cavet, ou quart de rond droit; la frise est une partie lisse destinée à recevoir des ornemens ou le numéro de la maison ; la corniche a pour moulure un talon droit , un filet au dessus, un larmier surmonté d'un filet ou listel , et enfin une doucine droite , supportant un réglet ; toutes ces hauteurs et saillies étant cotées, nous renvoyons, pour le tracé de cet entablement, à la *planche* 11, *fig.* 4 7 et 9.

Fig. 7. *Plan d'une fontaine.*

Cette fontaine se compose de quatre cuvettes demi-circulaires, et d'une cinquième, entièrement circulaire, placée au milieu et supportée par un massif en pierre de taille ; le tout repose sur trois marches également en pierre. Ce plan est ici au quart de l'élévation et devra, comme aux figures précédentes, être dessiné sur la même échelle que l'élévation et placé au dessous.

Après avoir tracé l'horizontale et la perpendiculaire, l'on indiquera la saillie des massifs A, B, C, D, dont les lignes, se coupant à angle droit, en E, F, G, H, avec l'horizontale et la perpendiculaire, donnent les points de centre pour tracer les quatre petites cuvettes ; celle du milieu se trace du point I, qui est le centre de toute la composition. Il ne reste plus, pour terminer le tracé de ce plan, qu'à tirer les lignes des marches J, K. Les lignes horizontales, légèrement tracées dans les cuvettes, indiquent l'eau.

Fig. 8. *Élévation géométrale de cette fontaine.*

Une fois le plan bien arrêté, on trace toutes les horizontales, d'après les hauteurs fixées à l'avance, en commençant par les trois marches J K, et remontant successivement aux cuvettes L, au robinet M, etc., jusqu'à la partie supérieure du tuyau du jet d'eau ; puis les largeurs d'après le plan dessiné au dessous et sur une même échelle, alors le dessin se trouvera achevé, à cela près des courbes et saillies des cuvettes, qui se tracent, en partie au compas des points indiqués par les lignes ponctuées. N'ayant pu placer ici, comme aux figures précédentes, le plan sous l'élévation, nous l'avons mis en rapport au moyen des numéros 1, 2, 3, 4, 5 et 6. Dans le plan, les lignes ponctuées O indiquent l'épaisseur des cuvettes.

Fig. 9. *Plan d'un tombeau.*

Ce plan n'est autre qu'un carré long ; il a 1,^m30 de large sur 1,^m95 de long : la manière de le dessiner est la même que celle des figures précédentes. Un arrachement du plan, placé sous l'élévation qui va suivre, indique les saillies des deux socles et du massif.

Fig. 10. *Elévation géométrale du même tombeau.*

Cette élévation se compose de deux socles A, B, d'un massif C, d'un talon droit D, de deux oreillons E et d'un fronton F. Le massif C renferme un cadre destiné à recevoir l'inscription, et deux flambeaux funéraires. La partie lisse qui entoure ce cadre est égale en tous sens, c'est-à-dire que le cadre occupe exactement le milieu du massif. La distance de droite et de gauche est divisée en deux par les perpendiculaires G, H, servant d'axe aux flambeaux renversés en signe d'extinction de la vie. Dans le fronton est indiqué, en masse seulement, une couronne que nous avons évité de détailler, n'étant pas encore arrivé à la démonstration du dessin linéaire appliqué à l'ornement.

Le tracé du fronton de ce tombeau présentant seul quelques difficultés, nous le décrirons. Après avoir tracé, des centres 1 et 2, les parties circulaires qui dessinent les oreillons E, on marque l'horizontale I, sur laquelle doit poser le fronton; du point K, qui en est le milieu, en ouvrant le compas jusqu'au point 3, on décrit la portion de cercle donnant le point 5 ; et, de ce point, ouvrant de nouveau le compas jusqu'au point 3, on décrit l'autre portion de cercle, laquelle donne le point 6 déterminant la hauteur du fronton.

On peut certainement dessiner un fronton sans s'assujettir à cette minutieuse opération ; mais si l'on tient à ce que sa hauteur soit dans un bon rapport avec sa largeur, on emploiera la méthode que nous venons d'indiquer.

DES MAISONS.

(Planche 15.)

Fig. 1. *Plan pris au rez-de-chaussée d'une école primaire, pour 40 enfans.*

N. B. Voir le renvoi au plan pour la désignation des divers objets qu'il renferme.

Ce plan devra être dessiné sur la même échelle que son élévation et sur la même feuille de papier, et, autant que possible, l'un au dessous de l'autre : le plan est ici figuré, faute d'espace, au tiers de l'élévation ; mais nous avons remédié à cet inconvénient en mettant, sous l'élévation, la partie du plan qui est en rapport direct avec la façade à dessiner. Les dimensions de ce petit bâtiment sont 9,^{m}75 de largeur sur 7,^{m}79 de profondeur, compris l'épaisseur des murs.

Pour dessiner ce plan, il faut, comme toujours, établir ses deux lignes d'axe, et arrêter l'échelle de proportion; ensuite on trace toutes les lignes ponctuées indiquant les centres, ou le milieu des murs, des cloisons, des portes et des fenêtres, en commençant par celles qui déterminent la largeur et la profondeur du bâtiment, comme sont A, B, C, D; puis celles E, F F' pour les cloisons; ensuite celles indiquant le milieu des fenêtres G H. (Les lignes A, G, H et B doivent être tracées dans toute la hauteur de la feuille de papier; en opérant ainsi, on se trouve avoir déterminé à l'avance le milieu des murs, des portes et des fenêtres de l'élévation.) Les murs devant avoir o^m,49 d'épaisseur, on prend o,^{m}25, que l'on porte à droite et à gauche de chacune des lignes A, B, C, D. L'épaisseur des murs ainsi établie, on passe à celle des cloisons E, F, F', qui doivent avoir o,^{m}16 d'épaisseur les plus fortes, et 0,08^m les plus minces.

Les murs et les cloisons une fois tracés, on s'occupe des portes et des fenêtres. Les deux portes d'entrée ont 1,^{m}6 de large, les fenêtres du rez-de-chaussée autant. On trace ensuite l'escalier : le limon I, sur lequel viennent s'appuyer les marches, a pour milieu la ligne L; les marches ayant ordinairement o,^{m}16 de haut sur o,25 de superficie, on en figure autant dans le plan que l'on suppose de hauteur au plafond, ou à l'étage, en calculant deux marches pour o,^{m}325. Ayant supposé ici l'étage haut de 2,^{m}92, nous avons indiqué 18 marches au plan, dont 10, de A à K, montent en ligne droite, et 8, de K à J, montent circulairement. La superficie de ces dernières marches, malgré l'apparence du contraire, est la même que celle des premières, car, ce que l'une perd d'un côté, elle le gagne de l'autre. L'écartement de chacune doit être partout le même; il se mesure sur la ligne ponctuée L, que l'on nomme ligne de giron. En dernier lieu on s'occupe des détails mobiles, tels que l'estrade 3; la table et le siége du maître, 4, 5; les tables, 6, les bancs des élèves, 7, etc., etc.

Fig. 2. *Elévation ou façade de l'école.*

Le plan de cette école ayant été placé sous l'élévation qui établit toutes les largeurs de la façade, ainsi que nous l'avons recommandé, on établit sur l'une des verticales, élevées dans toute la hauteur du papier, toutes ses hauteurs en commençant par le socle L, marquant le niveau du sol, qui est surélevé de $0,^m48$ pour assainir l'intérieur du rez-de-chaussée, puis les bandeaux M, N, enfin la hauteur de la toiture O P; ensuite on divise en trois les $0,^m48$ de la hauteur du socle L pour avoir les trois marches, de chacune $0,^m16$, qui précèdent les deux portes d'entrée. La prolongation des lignes A, G, H, B, et de la ligne d'axe du plan, ayant donné le milieu des murs et les centres des portes et des croisées, il ne reste plus qu'à arrêter, d'après les cotes et l'épaisseur des murs, la largeur des portes et des croisées. Cela fait, on trace les ceintres des portes et des croisées et, du point où le compas s'arrête, on descend des perpendiculaires qui limitent leur largeur. On relève ensuite sur le plan l'épaisseur des socles Q, R, S, T, fixant la largeur des marches, puis les saillies des bandeaux U de la toiture V, on tire ses lignes et l'opération est complète.

Fig. 3. *Coupe pour indiquer seulement la hauteur des planchers des portes et fenêtres.*

Cette coupe est prise sur la ligne X du plan de la *fig.* 1. On voit par les lignes ponctuées 1, 2, 3, 4, 5, 6 et 7, que les hauteurs des marches, des portes, des fenêtres et de la toiture, étant exactement les mêmes dans la coupe que dans l'élévation, il a suffi, pour les avoir ici, de prolonger leurs lignes horizontales de l'élévation sur la perpendiculaire Y. A droite de cette perpendiculaire, on reporte l'épaisseur du mur relevé sur le plan, puis la largeur des trois marches, ainsi que la saillie du socle qui les encadre; on marque, comme à l'élévation, les saillies U, V; on teinte toutes les parties pleines qui ont été coupées dans leur épaisseur; enfin on marque, en 8, 9, la coupe des planchers et leur hauteur, et le dessin est achevé : Z est une poutre placée sur le mur pour soutenir la toiture.

Avant de passer à l'encre cette partie de coupe, l'élève devra hacher légèrement, au crayon, les parties coupées, afin de n'être pas exposé à prolonger certaines lignes au delà du besoin ; après avoir mis à l'encre cette coupe, toutes les parties hachées au crayon pourront être remplacées par une teinte extrêmement légère de vermillon, appliquée au pinceau.

Fig. 4. *Coupe du rez-de-chaussée de l'école.*

Afin de donner une idée de l'intérieur de l'école et des objets qu'elle renferme, cette coupe est prise sur la ligne du milieu MN, plan *fig.* 1, et dessinée sur la même échelle. Les chiffres et lettres de renvois étant les mêmes sur la coupe que sur le plan, il sera facile de reconnaître la place et la forme de chaque objet.

Fig. 5. *Plan au rez-de-chaussée d'une maison d'habitation.*

(Voir la légende du plan pour la désignation des diverses pièces.)

Cette maison a 13,^{m}00 en tous sens, compris l'épaisseur des murs. La porte d'entrée est précédée d'un petit porche, soutenu par les deux pieds droits A B.

La marche à suivre pour dessiner ce plan est exactement la même que celle indiquée pour celui de l'école primaire. Il suffira de s'astreindre à donner exactement à chacune de ses parties les dimensions cotées.

Fig. 6. *Élévation.*

Cette élévation est composée d'un rez-de-chaussée, d'un premier et d'un deuxième étage ; même méthode pour dessiner cette élévation que celle suivie pour l'école, *fig.* 2. Les ouvertures C D, réservées sous les fenêtres du rez-de-chaussée, sont des soupiraux servant à donner du jour et de l'air dans les caves ; au dessus de la porte d'entrée, la partie ceintrée E est une baie ouverte pour éclairer l'intérieur du vestibule.

CHARPENTE.

(Planche 46.)

Avant de décrire la manière de dessiner chacune des figures qui vont suivre, nous ferons connaître les noms des pièces de bois qui les composent. Quoique notre but ne soit pas de faire de cet ouvrage un cours de construction, nous croyons utile cependant d'entrer dans ces détails préliminaires.

Nota. Nous n'avons mis que les cotes des masses aux figures de petites dimensions, autrement les chiffres servant à la démonstration se seraient confondus avec les mesures des détails. Au moyen des échelles on aura facilement ces dernières.

FIG. 1. *Profil d'un hangar.*

A, poteau; B, entrait; C, aisselier; D, arbalétrier; E, clou servant à fixer l'arbalétrier sur l'entrait; F, dé en pierre supportant le poteau A; G, mur sur lequel est appuyé le hangar.

Pour dessiner cette figure, on commence par tracer les perpendiculaires 1 et 2; la première est la ligne intérieure du mur G; la deuxième sert de centre au poteau A; ensuite on trace les deux parallèles horizontales formant l'entrait B; puis on indique les points 3 et 4 au moyen d'un quart de cercle dont le point G est le centre, il sert à placer diagonalement l'aisselier C; puis le point 5, qui détermine l'inclinaison que devra avoir la toiture; on marque l'épaisseur de l'arbalétrier D. Il ne reste plus qu'à faire les entailles 6 et 7, l'une au poteau A, l'autre à l'entrait B, lesquelles concourent, à l'aide de chevilles, à maintenir ensemble ces trois pièces de bois. On marque en dernier la hauteur du dé F et sa largeur. (A la *fig.* 12 il sera parlé de la couverture en tuiles.)

FIG. 2. *Mur en pan de bois.*

Les murs en pan de bois ne s'emploient plus guère aujourd'hui que dans les distributions intérieures, les cours, etc., et très-rarement dans les façades des maisons de ville. Ces sortes de murs se construisent moitié en bois et moitié en maçonnerie; la maçonnerie sert à remplir les vidés qui restent entre chacune des pièces de bois. Ces pans de bois s'établissent sur un petit mur en maçonnerie qui doit avoir 0,^m49 de haut, et dont les pierres font parpaing. Toutes les pièces qui composent un pan de bois doivent être assemblés à tenons et mortaises. Le pan de bois que nous offrons ici a une porte réservée au rez-de-chaussée, et deux fenêtres au premier étage. Voici le nom des pièces de bois qui le composent : A, A', A'', sabliè-res ; B, sablières de chambrée ; C, entre-toises, D, linteau; E, poteau cornier; F, poteau d'huisserie; G, poteau de remplissage; H, tournisses; I, décharges; J, potelets; K, solives du plancher: les diagonales tracées sur ces pièces de charpente indiquent qu'elles sont vues en coupe; L, parpaing sur lequel repose toute la charpente; M, mur dans lequel sont scellées les sablières; N, fenêtre; O, porte d'entrée.

Pour dessiner cette figure, on commence par tracer les perpendiculaires 1, 2, 3 et 4. Les deux premiers seront le milieu du poteau cornier E et du mur M; les deux autres donneront les axes des fenêtres N; ensuite celles 5, 6, 7 et 8 le milieu des poteaux d'huisserie F, lesquels limitent la largeur des fenêtres. On trace ensuite toutes les pièces de charpente placées horizontalement, en commençant par les sabliers A, A' et A'', la sablière de chambrée B, les entre-toises C, les linteaux D; puis on divise en quatre la distance qui est entre les lignes ponctuées 6 et 7, pour avoir les centres des poteaux de remplissage G; on en fait autant entre 7 et 8, pour avoir les centres des potelets J, placés au dessus de la porte et des fenêtres. Une fois tous ces milieux bien fixés, on marque, à droite et à gauche de chacun d'eux, l'épaisseur des pièces de bois. Pour avoir l'inclinaison des décharges I, on marque, à partir du point 9 du sablier A, le point 10, que l'on rapporte sur la sablière A', à partir du point 11, ce qui donne le point 12. De ces deux points 10 et 12 on trace la diagonale 13, qui est le milieu de la décharge I; on en fait autant pour celle placée au premier étage.

FIG. 3. *Assemblage des bois.*

Cette figure a pour objet de démontrer comment se pénètrent et se fixent les différentes pièces de bois d'un bâtis: Les lignes ponctuées 1, 2, 3, 4 et 5, font voir les places, nom-

mées mortaises, creusées dans les unes pour loger les parties
saillantes C, nommées tenons, réservées sur les autres ; après
leur rapprochement, ces pièces se fixent par des chevilles,
dont les trous sont indiqués.

Comme aux autres figures, on commence le dessin de
celle-ci par établir les perpendiculaires 6 et 7, et les horizontales 8 et 9 ; ces lignes, comme l'on voit, donnent le
milieu des pièces de bois composant cette figure ; de ces lignes de milieu on mesure l'épaisseur que l'on veut donner
à chaque pièce, laquelle varie suivant l'importance du bâtiment ; la distance à laisser entre chacune d'elles pour faire
voir l'assemblage est tout-à-fait arbitraire.

Fig. 4. Plancher.

Les planchers se construisent avec des pièces de charpente placées horizontalement.

A est la poutre sur laquelle viennent s'appuyer les solives B ; C, solives d'une chevêtrure ; D, solives de remplissage ou solives boiteuses ; ces dernières s'appuient d'un
bout sur la poutre A, et, de l'autre, s'assemblent dans la
pièce de bois E, nommée chevêtres, placée transver-
salement ; F, trémie, ou place réservée pour l'âtre de la
cheminée ; G, bandes de fer, dite de trémie, qui servent à
supporter la construction de l'âtre ; H, distance réservée
entre la pièce de charpente nommée chevêtre et le tuyau
I d'une cheminée du rez-de-chaussée : cet espace s'appelle
coffre. Ce plancher est, comme on le voit par les murs J,
celui d'une chambre presque carrée ; au côté opposé à la
cheminée sont deux fenêtres K ; sur l'un des côtés latéraux
est la porte d'entrée L.

Le début du dessin de cette figure est, comme précédemment, l'établissement des lignes de milieu des
murs 1, 2, 3 et 4 ; de ces mêmes lignes on détermine
l'épaisseur des murs. On indique ensuite le milieu des
fenêtres par les lignes 5 et 6, puis celui de la porte 7,
les milieux 9 et 10 des solives d'enchevêtrure C ; les horizontales 11 et 12 déterminant la place qu'occuperont le
coffre H et le tuyau I, ainsi que la trémie F, ou foyer de la
cheminée. On trace ensuite les lignes de milieu 13 des
solives B', placées près des murs de droite et de gauche,
et, partant de ces lignes 13 à 9, et de 13 à 10, on divise

ces distances en trois, ce qui donne les milieux 14 et 15 pour les solives qui occupent cet espace. On opère de même pour les solives de remplissage D; ces milieux bien établis, on marque l'épaisseur de toutes les pièces de charpente. L'espace qui est entre chaque solive se nomme travée. Comme on le voit, toutes ces solives sont scellées dans les murs : elles doivent avoir, le plus, $0^m,36$ de scellement, et le moins, $0^m,16$. Pour placer les bandes de fer G qui supportent la trémie F, on divise en deux l'espace que doit occuper cette trémie, et, sur chacune de ces divisions, on marque l'épaisseur des barres de fer; de même que, pour placer bien régulièrement le tuyau de la cheminée I, on divise en deux la distance existante entre les lignes du milieu 13 et 9 des pièces de charpente B' et C', ce qui donne la perpendiculaire 16, sur laquelle on établit la largeur de la maçonnerie formant le tuyau de la cheminée, en ayant soin que la distance H, qui l'entoure, soit égale de trois côtés.

DES COMBLES EN CHARPENTE.

On entend par comble en charpente l'ensemble des pièces de bois composant la toiture d'un bâtiment, autrement dit la réunion des charpentes sur lesquelles s'appliquent les tuiles, les ardoises, le zinc ou le chaume servant de couverture. Selon le climat ou le besoin plus ou moins grand que l'on a de favoriser l'écoulement des eaux, ou d'éviter le poids des neiges, on donne aux combles une plus ou moins grande inclinaison. En France, cette inclinaison est de 30 à 40 degrés, c'est-à-dire que la base du triangle qu'elle forme excède environ d'un tiers la largeur des deux autres côtés du triangle.

Fig. 5. *Comble vu de face.*

Noms des pièces de charpente qui composent l'une des fermes :

A, tiran; B, entrait; C, poinçon; D, contre-fiche; E, arbalêtrier; F, chevron; G, faîtage; H, panne; I, tasseaux servant à soutenir les pannes; J, sablières supportant le le tiran A; K, K, murs sur lesquels repose le comble.

Afin de pouvoir mettre de suite en rapport la face *fig.* 5

et le profil *fig.* 6 de ce comble, il conviendra de disposer sa feuille de papier de manière à ce que ces deux figures soient à côté l'une de l'autre. Le rapport des hauteurs et de la valeur de toutes les pièces de charpente, placées horizontalement, se trouvera fixé par la seule prolongation des lignes de la *fig.* 5 sur le blanc du papier destiné à recevoir la *fig.* 6.

Pour dessiner la *fig.* 5, on commence par établir l'horizontale 1 et 2, servant de base au tracé de toutes les horizontales de ce comble, telles que celles du tiran A, de l'entrait B, etc; puis les perpendiculaires 3 et 4 servant d'axe aux murs K; on détermine ensuite l'épaisseur des murs, la hauteur du comble 5, sa saillie 6 et 7, la hauteur 8 que doivent avoir les arbalétriers E. De ce point 8 et de ceux que donnent les lignes 9 intérieures des murs, on trace les obliques 11, 12, qui servent de régulateur pour toutes les lignes inclinées de la toiture; après avoir marqué les épaisseurs des pièces de bois, on place les pannes H bien d'équerre sur la ligne supérieure des arbalétriers E. Il ne reste plus à tracer que les tasseaux I et les sablières J, et à marquer la hauteur de la contrefiche D par la ligne inférieure 10.

*F*IG. 6. *Coupe, ou profil du comble présenté de face à la figure précédente.*

N. B. Les mêmes pièces dans les *figures* 5 et 6, étant indiquées par les mêmes lettres, il sera facile de reconnaître chacune d'elles sous son nouvel aspect.

La prolongation des horizontales de la *fig.* 5 ayant donné toutes les hauteurs et largeurs des pièces de charpente placées horizontalement sur cette *fig.* 6, il ne reste plus qu'à établir les perpendiculaires. 1, 2 et 3 donneront celles des axes du mur K et des deux poinçons C, dont les largeurs sont les mêmes qu'à la figure précédente; ensuite on marquera, à partir de ces mêmes poinçons C, par les petites perpendiculaires 5, 6 et 7, l'inclinaison des contrefiches D; puis on divisera en sept parties égales la distance existante entre les poinçons C, et cela à partir de leur milieu, indiqué par les lignes 2 et 3, divisions qui donnent les axes des sept chevrons F, occupant cet espace; puis on reportera cette division à droite et à gauche pour avoir la place des autres chevrons.

Pour compléter ce profil de comble, il reste à reproduire la moitié de la *figure* 5, c'est-à-dire l'un des deux arba-létriers E, les pannes H avec le chevron F placé au dessus.

Fig. 7. *Détail en grand de l'assemblage à mi-bois des chevrons* F *de la* fig. 5.

Ce détail se dessine ainsi : après avoir, sur l'horizontale, marqué les points 1 et 2, et, sur la perpendiculaire, le point 3, fixant l'inclinaison des chevrons, on trace leur épaisseur. Ces lignes, en se croisant dans la partie supérieure, donnent la losange *a*, que l'on divise en deux par les diagonales 5 et 6; *b* est un clou qui sert à fixer les deux chevrons ensemble.

Fig. 8 et 9. *Trait de Jupiter.*

Le trait de Jupiter est un moyen très-ingénieux dont se servent les charpentiers pour enter ou réunir deux pièces de bois. La *fig.* 8 montre le tiran A de la *fig.* 5 tout assemblé à son milieu; la *fig.* 9 le présente ses deux parties entaillées et séparées l'une de l'autre, afin de bien faire comprendre comment les deux pièces de bois se pénètrent et se fixent solidement au moyen d'une clé, après la mise dedans des plains dans les vides. Les lignes ponctuées indiquent les rapports des parties entre elles; le carré *a*, qui reste vide après le rapprochement des deux charpentes, est rempli ensuite par les deux morceaux de bois *c d*, en forme de coins, nommés clés, qu'on y fait entrer de force, l'un à gauche, l'autre à droite, au moyen desquels les points *e*, *f* se trouvent serrés dans les angles *g*, *h*.

D'après la méthode suivie pour le dessin des figures précédentes, on commence celui des *fig.* 8, 9 par déterminer l'épaisseur du tiran A, que l'on fixe au moyen des lignes *i*, *j*. A son milieu on établit le carré *a*, destiné à recevoir la clé *b*; on marque en 1, 4, jusqu'où doit s'étendre le trait de Jupiter; ce trait devant avoir, à ses extrémités, une entaille en bizot de la largeur de la moitié du carré *a*, ou la figure en *k l*, enfin on trace les lignes obliques *m n*, aboutissant aux angles 2, 3 du carré *a*.

DES LUCARNES.

On nomme lucarne les espèces de fenêtres pratiquées

sur les rampans des combles pour donner du jour à l'intérieur du grenier ou dernier étage d'une maison, ou faciliter l'entrée des marchandises que l'on veut y loger. Ces constructions sont de plusieurs sortes ; elles occupent, suivant le besoin et leur importance, l'espace de deux ou trois chevrons de la toiture.

FIG. 10. *Face et profil d'une lucarne, dite à la Capucine.*

Les pièces de bois qui composent cette lucarne sont : 1, plate-forme ; 2, poteaux ; 3, chapiteaux ; 4, sablières de jouée ; 5, fermettes ; 6, empanons de croupe ; 7, arrêtier ; 8, empanon de long-pan ; 9, noulet ou chevalets ; 10, fermettes ; 11, chevrons de jouée.

On commence par établir la plate-forme 1 et les perpendiculaires b, b', b'' ; puis on détermine la hauteur de la fenêtre par celle des chapiteaux 3, et celle de la toiture par la ligne c. On aura soin de prolonger toutes les horizontales de la lucarne présentée de face de manière à ce qu'elles fixent à l'avance les hauteurs de la lucarne présentée de profil. On donne aux poteaux 2 leur épaisseur, ainsi qu'aux fermettes 5 ; du point d au point c on trace ces fermettes. Pour placer régulièrement les empanons de croupe 6, on divise en trois la largeur intérieure e, f, de la lucarne ; ces divisions donnent la place de leur milieu.

Le dessin du profil de cette lucarne est à moitié tracé par la prolongation des horizontales de la figure précédente ; il ne reste plus qu'à marquer, à droite et à gauche de la perpendiculaire b'', l'épaisseur du poteau 2, et à déterminer l'inclinaison du comble en tirant la ligne extérieure g' i, établissant le chevron de jouée 11. L'inclinaison de l'arrêtier 7 étant la même que celle de la sablière de jouée 5, de face, on prend sur la lucarne, vue de face, la distance d c, et on la porte en g j de profil ; ensuite on divise en deux la distance j k, pour avoir les axes des fermettes 10. Il ne reste plus qu'à placer l'empanon de long-pan 8, au milieu de g et j, et, enfin, le chevalet 9.

FIG. 11. *Face et profil d'une lucarne, dite à Demoiselle.*

1, plate-bande ; 2, appui ; 3, poteau ; 4, chapiteaux ; 5, chevrons ; 6, chevrons de jouée.

'La méthode pour dessiner cette lucarne est la même que celle employée pour la figure précédente.

Fig. 12. *Couverture en tuile*.

Nous croyons qu'il n'est pas déplacé de donner, à la suite de ces dessins de charpente, l'idée d'une toiture en tuile.

Il y a des tuiles de différentes formes et de différentes grandeurs; celles dont il est ici question sont plates et ont 0,25 sur 0,30. Pour les recevoir, on cloue sur les chevrons D de la *fig.* 1, à 0,11 environ les unes des autres, des lattes *b* en chêne, sur lesquelles on les accroche les unes à côté des autres, en commençant par le bas, de manière à ce que le second rang recouvre le premier d'environ les deux tiers.

Les parties dont la *fig.* 12 est composée sont : *a*, chevrons; *b*, lattes; *c*, tuiles vues de face; *d*, tuiles vues de profil; *e*, crochet qui sert à la retenir sur la latte *b*; *f*, entrait.

Le dessin de cette figure se commence par les perpendiculaires 1, 2, 3, donnant les axes des chevrons *a*; puis l'on donne l'épaisseur voulue à l'entrait *f*. Après avoir fixé la première latte du bas à 0,16 de la partie inférieure de ce chevron; on place les suivantes, voyez *fig.* 1, en remontant à 0,11 environ de distance les unes des autres; c'est sur ces lattes qu'on accroche les tuiles, en commençant également par le bas de la toiture, et en les alternant, milieu sur joint, comme sont celles 4, 5 et 6 de la *fig.* 12. Les tuiles *d*, présentées de profil, font voir comment elles sont retenues sur les lattes par leur crochet *e*.

Application de ce genre de couverture au hangard, fig. 1.

Après avoir chanlatté le chevron D, c'est-à-dire avoir cloué à son extrémité inférieure, et dans le sens des lattes, un chevron *g* refendu d'une arête à l'autre, afin de former ce que l'on appelle un égoût pendant, on fixe la première tuile *h* sur cette pièce de bois avec un peu de plâtre; ensuite, à 0,16 de la partie inférieure du chevron D, on place la première latte, et, de 0,11 en 0,11, les autres, ce qui donne les axes des lattes 7 , puis on marque les largeurs ainsi que les épaisseurs comme on le voit ; les autres tuiles, en s'accrochant à ces lattes, se superposent naturellement , et ne se recouvrent , comme nous l'avons dit plus haut , que des deux tiers environ de leur hauteur. Le tiers non recouvert se nomme pureau.

Fig. 13. *Partie supérieure d'un comble.*

Cette figure fait voir comment les tuiles se disposent à la partie supérieure d'un comble à deux égoûts. Elle est trop facile à dessiner pour que nous croyons utile d'entrer dans la moindre explication ; il nous suffira d'indiquer les pièces dont elle se compose : *a* , est le faîtage où viennent s'appuyer les chevrons *b* ; *c*, la tuile courbe ou faîtière qui garantit le faîtage de l'humidité ; *d*, tuileau et plâtre servant à jointoyer les tuiles *e*. Dans cette figure , l'assemblage des chevrons *b* avec la pièce de faîtage *a*, diffère de celui de la *fig.* 7. Les lignes ponctuées indiquant les rangs de lattes recevant les tuiles, portent le chiffre 7, comme à la *fig.* 1.

MENUISERIE.

(Planche 17.)

On nomme menuiserie tout ouvrage fait en bois pour la commodité ; le service ou la décoration des bâtimens, tels que : portes, croisées, lambris, cloisons, parquets, escaliers de dégagemens, devantures de boutiques, etc. , etc. ; la plupart des meubles mêmes sont des ouvrages de menuiserie. Les bois que l'on emploie à ces espèces de travaux doivent être tous bien secs., bien dressés; ils se façonnent et s'assemblent de diverses manières.

Nous allons faire connaître quelques-uns des assemblages les plus usités.

Chacune de nos figures fait voir , séparées les unes des autres : 1° les deux pièces composant l'assemblage, mises en rapport par des lignes ponctuées indiquant les parties qui doivent se pénétrer après la mise dedans ou l'approche des deux parties ; 2° les mêmes pièces approchées et assemblées.

FIG. 1. *Assemblage à angle droit et à mi-bois.*

Pour dessiner la *fig.* 1, on établit un angle parfait au moyen des lignes extérieures 1, *a*, 2; des lignes intérieures 3 et 4, on marque l'épaisseur des pièces de bois par les lignes 5 et 6; elles donnent le point 7; de ce point on marque la diagonale 8. Ces lignes établies donnent, de cet assemblage, la partie *b*, qui se présente de face, celle supérieure *c*, et l'un des côtés latéraux *d*. On prend l'épaisseur 3, 5, ou 4 et 6 de la pièce de bois *b*, que l'on reporte en 9 et 10, on élève la perpendiculaire 11 jusqu'à la première horizontale, et, de ce point, sur la partie supérieure *c*, on mène une diagonale parallèle à celles 7, 8. La partie supérieure *c* et le côté latéral *d* se divisent ensuite en deux pour les entailles *e*, *f*.

FIG. 2. *Autre assemblage à angle droit et à mi-bois.*

On commence le tracé de cette figure par les perpendiculaires 1, 2, 3, 4, 5, et les horizontales 6, 7, 8; ensuite, des points *a*, *b*, où les horizontales 6 et 7 coupent à angle droit la perpendiculaire 2, on trace les diagonales *b* 9 et *a* 10, qui servent de base pour tracer les parallèles 11, 12, 13 et 14. Les lignes ponctuées font voir que les entailles de l'une et de l'autre pièce sont de même largeur.

FIG. 3. *Assemblage à enfourchement.*

Les moyens à employer pour dessiner cette figure sont les mêmes qu'à la *fig.* 1. Les points 1, 8, 2, ceux 3, 4 et 5, 6, 7, donnent également le triangle parfait et les épaisseurs des bois ; la diagonale 6, 8 indique le profil extérieur du tenon. La largeur du tenon *e* doit être la même que celle 3, 5 de la face *b*, et son épaisseur égale à celle de la mortaise *g*.

FIG. 4. *Assemblage à rainure et languette.*

Cette figure ayant la forme d'un carré long, on commence par établir ce carré au moyen des lignes 1, 2, 3 et

4; on trace ensuite 5, 6, 7 et 8, qui donnent la hauteur des deux pièces de bois a, b; puis celles 9, 10 et 11, qui fixent leur épaisseur. Les diagonales 1, 10, 2, 11 et 4, 9, sont toutes parallèles à la ligne 1, 10.

Il ne reste plus qu'à indiquer la hauteur de la languette c et la profondeur de la coulisse ou rainure d. L'une devant remplir exactement l'autre après la mise dedans, leurs dimensions doivent être exactement les mêmes.

Nous n'avons pas cru devoir mettre d'échelle pour ces figures; il suffira de savoir que les épaisseurs a, b, doivent avoir 0,14 environ.

Fig. 5. *Assemblage par embrèvement d'un talon surmonté d'un filet.*

Embrèver, c'est enter une pièce de bois dans une autre par le moyen d'un tenon ayant la juste proportion de la mortaise qui doit le recevoir; c'est encore réunir deux pièces de bois au moyen d'un tenon rapporté et fixé dans l'évidement pratiqué à l'un de leur bout pour le recevoir.

Dans cette figure, a est la moulure, b, l'embrèvement, c, le lambris.

Fig. 6. *Assemblage d'un quart de rond entre deux filets.*

Comme à la figure précédente : a est la moulure, b, l'embrèvement, c, le lambris ou panneau.

Fig. 7. *Assemblage d'une corniche, dite volante.*

Cette corniche est composée d'une doucine a, d'un talon b et d'un filet c embrèvé.

Pour le tracé des trois figures 5, 6, 7, nous renvoyons au texte explicatif de notre *pl.* 19, où sous les numéros 3, 7 et 9, nous avons donné de semblables figures, et enseigné comment on les dessine.

Fig. 8. *Porte battante en menuiserie légère.*

Après avoir établi la perpendiculaire g et l'horizontale h, les deux montans a, b et les traverses c, d, on pose la pointe du compas sur les points intérieurs 1, 2, 3 et 4, et l'on décrit, à chaque angle, deux quarts de cercles, dont

les extrémités donnent les axes des quatre pièces de bois
e f, comme la perpendiculaire *g* et l'horizontale *h* donnent
ceux des pièces de bois *i, j*. Ces milieux une fois exactement établis, on trace les diagonales *k, l*, puis, à droite et
à gauche de tous ces axes, on marque les épaisseurs des
bois, lesquelles doivent être environ de 0,020. Il ne reste
plus qu'à tracer, des points 5, 6, 7, 8 et le carré placé au
milieu de la porte : *m, n* sont les gonds de cette porte.

Fig. 9. *Porte battante pour une boutique.*

Cette porte étant d'une dimension plus grande que la
précédente, les bois qui la composent doivent avoir environ 0,^{m}04 d'épaisseur.

Après avoir, comme à la *fig.* 8, tracé les deux montans
a, b, on établit le châssis *c d é f* : l'horizontale et la perpendiculaire tracées en commençant le dessin, donnent les
axes des bois *g, h*. On divise en deux la distance 1, 2 et 2,
3, pour avoir le milieu des bois *i, j*; on marque à droite
et à gauche de ces milieux l'épaisseur des bois, puis on établit les carrés longs *k* en se servant, comme milieu, des
axes *i, j* et de la perpendiculaire *h*. Pour bien placer les
bois *l* qui se présentent diagonalement, on marque, à chacun des angles latéraux des carrés, l'épaisseur de ces traversés; elles donnent les points 4, 5, 6 et 7; de ces points
partiront les diagonales *l, l* et *m, n*, se dirigeant sur les angles 1 et 2. Ces lignes une fois établies, il ne restera plus
qu'à tracer les parallèles partant des angles des carrés longs.

Nous donnons en grand, dans la planche de serrurerie
qui va suivre, la figure et la description de la fermeture de
cette porte.

Fig. 10. *Élévation et coupe d'un ventail de porte-cochère.*

Les deux battans ou venteaux d'une porte-cochère se
ressemblant toujours, nous ne donnerons que l'un des deux
de celle-ci. Ce ventail a 1,226 de large sur 3,532 de haut.
Les dimensions ordinaires d'une porte destinée à donner
passage aux voitures sont d'au moins 2,60 de large sur
3,90 de haut; ces proportions varient néanmoins quand la
hauteur des étages ou le caractère de la décoration de la

maison l'exigent. Ce ventail se compose de deux panneaux carrés *a*, et d'un panneau long *b* au milieu ; tous trois ont leur centre plus élevé, c'est-à-dire plus épais que leurs extrémités, comme l'indique la coupe ci-contre. Ces panneaux sont renfermés dans un cadre *c* à petits filets, lesquels sont superposés sur un bâti de rive *d*. La limite de la baie que ferme la porte est figurée par la ligne *e* retournant d'équerre, et par la ligne de terre.

Le dessin de ce ventail se commence, comme toujours, par l'horizontale et la perpendiculaire obligées ; lesquelles, se croisant à leur milieu, servent de base pour tracer les parallèles et les horizontales 1, 2, 3, 4, 5, 6, 7 et 8, marquant le centre du cadre *c*. A droite et à gauche de ces lignes on porte la largeur de ces cadres, en ayant soin de prolonger les horizontales de manière à établir de suite les hauteurs des profils sur la coupe de cette porte, figurée à côté. Ces encadremens, bien régulièrement établis, on trace les diagonales des deux panneaux *a* et de celui *b*. Les quatre petits carrés *j* sont aussi traversés par des diagonales, pour indiquer que, comme les panneaux *a*, ils sont taillés en diamans. Les quatre du haut sont restés plats.

Fig. 10 bis. *Coupe de la même porte-cochère.*

La prolongation des lignes horizontales de l'élévation de cette porte ayant donné toutes les hauteurs des moulures dont elle est ornée, il ne reste plus qu'à fixer la saillie de chacune d'elles, et l'épaisseur de la porte elle-même. Cette épaisseur est déterminée par les perpendiculaires 9 et 10, la valeur des saillies par la ligne ponctuée 12. La construction des parties constitutives de cette porte, et leur assemblage dans la mise en place étant exactement indiquées en coupe, cela nous dispense de tout autre explication.

Fig. 11. *Elévation d'une porte-cochère avec ses deux ventaux.*

Nous donnons celle-ci dans son entier afin qu'on puisse juger de son aspect général. Ses battans sont ornés de plusieurs panneaux : les uns pleins et à facettes, les autres à jour et défendus par des barreaux en fer ; à son milieu est un faisceau de piques maintenues par trois bandeaux.

Cette porte, comme la précédente, a de haut une fois et demie sa largeur.

Après avoir fixé la hauteur et la largeur de la baie *a* dans laquelle la porte doit se loger, on établit toutes ses lignes d'axes. On trace le cadre 1, 2, 3, 4, qui laisse en dehors le champ *b*; puis les lignes 5, 6, 7, 8, déterminant la largeur des panneaux principaux; celles 9, 10, à la même distance que 1, 5, ou 6, 2; celles 11, 12, à $0,^m73$ de 3 et 4; ensuite, au dessous de 9 et au dessus de 11, on réserve une largeur égale à celle du champ *b*; on détermine la hauteur des deux panneaux du milieu portant les marteaux *c*, autour desquels il doit être également ménagé un champ semblable à celui *b*; les deux grands panneaux, au dessus, occupent le reste de l'espace; on passe ensuite au faisceau de lances, dont on marque la largeur à droite et à gauche de la perpendiculaire d'axe; lequel doit se trouver au milieu des deux champs *b*; les lignes *j* indiquent le côté de la porte restant ouvert pour le service des piétons; les bandeaux *d*, *e*, *f*, se placent à la hauteur des champs séparant les panneaux, et doivent avoir la même valeur. Les lignes extérieures de tous ces cadres une fois bien établies, on s'occupe des moulures *g*, qui sont un talon et un réglet, dont *h* donne le profil ponctué.

On peut encore dessiner cette porte par une autre méthode. Après en avoir fixé la largeur et la hauteur, et établi les milieux des cadres au moyen des perpendiculaires 15 et 16, et des horizontales 17, 18 et 19, on opérera sur ces lignes. Les détails qui terminent ce dessin, tels que les barreaux des panneaux supérieurs, les marteaux *c*, etc., etc., ayant été déjà décrits dans d'autres figures, nous ne dirons rien ici de leur tracé; mais nous devons indiquer le moyen dont on se sert pour faire sentir, en géométral, la dégradation des objets circulaires figurés sur une surface plane, comme est le faisceau de cette porte.

FIG. 12. *Plan du faisceau de piques de la porte*, fig. 11.

Pour dégrader mathématiquement les six piques placées sur un plan circulaire à la figure précédente, on commence par tracer, au dessous de la ligne *i j*, coupant le faisceau à sa base, un demi-cercle embrassant ses deux profils. Les piques étant au nombre de six, on divisera ce demi cercle en six parties égales ; puis, de chacun des points 1, 2, 3, 4, 5, 6, on élèvera des perpendiculaires qui donneront les profils de chacune des piques, dégradées de valeur exactement comme le veut le plan.

Fig. 13. *Elévation et profil d'une porte d'appartement à un ventail ou battant.*

Cette porte est ornée de deux grands cadres, l'un haut, l'autre bas, et d'un petit au milieu, lesquels sont placés dans le chambranle. *a, b, c, d,* les cadres, *e,* les panneaux, *f,* la plinthe.

Le dessin de cette figure, composée entièrement de perpendiculaires et d'horizontales, ne doit offrir aucune difficulté à l'élève qui a dessiné les figures précédentes. Il comprendra que du point *h* il devra tracer des demi-cercles en *i i'* pour avoir les encadremens 1, 2, 3, 4 et les largeurs égales aux hauteurs.

Comme à la *fig.* 10, la coupe de cette porte se renferme dans les deux perpendiculaires 5 et 6, et les horizontales de l'élévation prolongées donnent les hauteurs des panneaux.

Fig. 14. *Détail en grand de l'assemblage des panneaux avec les moulures de la porte,* fig. 13.

a, panneau ; *b,* moulures formant les cadres ; *c,* champ.

Fig. 15. *Croisée à la française.*

Ces sortes de croisées sont du nombre de celles que l'on emploie le plus ordinairement dans les appartemens ; elles sont composées de huit grands carreaux, et ont assez ordinairement, quand les localités le permettent, 1,^{m}47 de large sur 2,^{m}7 de haut ; les pièces dont elles se composent sont : *a,* dormant, *b,* battans (celui du bas a un rejet d'eau), *e,* petits bois, *f,* vitres, comme l'indique la coupe *fig.* 16.

Après avoir fixé la largeur de la fenêtre par les perpendiculaires 1 et 2, et sa hauteur par l'horizontale 3, on marque l'épaisseur des dormans *a,* et celle des battans *b;* on divise en quatre la distance 4 et 5, pour avoir les trois axes des petits bois *e*, desquels on marque l'épaisseur comme il a déjà été enseigné, etc., etc.

FIG. 16. *Coupe de la même fenêtre.*

Comme aux figures précédentes, cette coupe se renferme dans les perpendiculaires 6 et 7, et la prolongation des horizontales de l'élévation donne les diverses hauteurs des parties qui la composent. Les lettres de renvoi désignant les mêmes choses, tant en élévation qu'en coupe, nous n'avons pas à nous en occuper ; *g*, *g'*, sont les parties du mur, vu en coupe, où le dormant *a* est fixé. Tous ces objets devant, en général, être dessinés sur une beaucoup plus grande échelle que celle que nous avons adoptée, nous donnons en grand les détails des parties de cette fenêtre, qui ont besoin d'être développés pour être bien compris.

FIG. 17. *Développement du petit bois e, du battant b.*

FIG. 18. *Coupe du battant e, formant rejet d'eau, et du dormant a.*

Le dessin de ces figures ne peut offrir aucune difficulté à l'élève qui a tracé les précédentes.

SERRURERIE.

(Planche 18.)

La serrurerie, la charpente et la menuiserie ont entre elles de tels rapports, qu'un grand nombre des figures gravées sur cette planche ont déjà, à peu de chose près, passé sous les yeux des élèves. Pour ne pas répéter ce qui a été dit plusieurs fois ailleurs, nous renverrons aux planches et explications précédentes toutes les fois que cela nous paraîtra nécessaire.

FIG. 1. *Targette pour fermer intérieurement une fenêtre, une porte ou un châssis vitré, etc., etc.*

a, platine, *b*, verrou, *c*, bouton du verrou, *d*, cramponets ou picolets, *e*, trous pour recevoir les clous ou les vis qui doivent fixer la targette sur la porte ou la fenêtre.

Après le tracé de la perpendiculaire 1 et de l'horizontale 2, on fixe, à droite et à gauche de ces deux lignes, la largeur et la hauteur de la platine *a*; de chaque côté de l'horizontale on marque la largeur du verrou *b*, et, à l'endroit où cette dernière coupe à angle droit la perpendiculaire, on trace le diamètre du bouton *c*; on place ensuite les deux cramponets *d*, et, à chacun des angles de la platine *a*, on décrit, d'une même ouverture de compas, quatre quarts de cercles, à l'extrémité desquels on élève des perpendiculaires et des horizontales qui, se coupant à angle droit, donnent le point *e* pour la place que devront occuper les trous des vis. A côté de cette *fig.* 1 est son profil *f*. Voyez *fig.* 8 et 13 de la *pl.* 17, MENUISERIE.

FIG. 2. *Loqueteau pour fermer une fenêtre ou autre châssis que la main ne peut atteindre.*

a, platine; *b*, ressort à boudin poussant en enbas le loquet *c*; *d*, cramponet ou picolet; *e*, bouton servant à fixer le loquet et à le faire pivoter en tirant la corde *f*. Par des lignes ponctuées, nous avons indiqué le chemin que parcourt ce loquet quand la main pèse dessus pour ouvrir le châssis.

Le dessin de cette figure s'exécute comme celui de la figure précédente.

FIG. 3. *Pommelle simple à* T, espèce de gond employé à la ferrure d'une porte ou d'une persienne.

a, pommelle, partie portant l'œil; *b*, partie portant le gond.

Pour dessiner cette figure, on commence par établir les perpendiculaires 1 et 2; on marque la hauteur de la pommelle *a* et la place du gond *b*, dont le milieu est donné par l'horizontale *c*, ensuite leur largeur; puis on trace les horizontales 3 et 4, enfin on divise en quatre la distance qui reste entre ces deux points pour avoir la place du trou des trois autres vis.

FIG. 4. *Pommelle double, également à* T, au même usage.

a, pommelle, partie portant l'œil; *b*, pommelle, partie portant le gond.

Cette figure se dessine par les mêmes moyens que la précédente, à l'exception qu'au lieu de deux perpendiculaires il en faut trois.

(Les *fig.* 2 et 4 ont leur application à une porte battante, voyez *fig.* 9, *pl.* 17 de la *menuiserie*.)

FIG. 5. *Moraillon à charnière*, servant à fermer un coffre, un volet ou une porte à cadenas.

a, patte fixée avec quatre clous ou vis sur la porte ou le volet; *b*, patte mouvante au moyen de la charnière *c*; *d*, mortaise pour recevoir le piton *e*, dans lequel passe l'anneau du cadenas.

Après avoir tracé l'horizontale 1 et la perpendiculaire 2, on fixe la hauteur de la patte *a* par les points 3, 4, 5 et 6; puis on marque la place des trous de vis 7 et 8, et l'on divise en trois la distance qui reste entre ces deux points, afin d'avoir la place des autres trous. Pour obtenir le profil bien régulier de la patte *b*, on suivra la méthode indiquée à l'occasion des vases figurés sous les numéros 10 et 14, *pl.* 13, des *meubles*. C'est à cet effet que sont ponctuées ici les lignes 9, 10, 11 et 12.

FIG. 6. *Cadenas à pointe* (il y en a dont la partie inférieure est arrondie), servant, avec le moraillon à charnière et le piton précédemment décrits, à la fermeture d'une porte ou d'une malle, etc.

a, boîte renfermant le mécanisme; *b*, anse; *c*, tige; *d*, bouton qui empêche la tige de sortir entièrement de la boîte; *e*, entrée de la clé; *f*, couvre-entrée pivotant sur le point *g*; le même détail, indiqué en lignes ponctuées montrant sa position quand le cadenas est fermé; *h*, auberon dont le trou carré, que l'on ne peut voir ici, reçoit la tête du pène *i*; *j*, picolet; ces détails intérieurs du cadenas sont seulement ponctués pour indiquer la place de chacun d'eux; *k*, rivure des vis qui servent intérieurement à fixer le mécanisme.

Après avoir établi la perpendiculaire d'usage, on trace les horizontales 1, 2 et 3. Sur la première, on fixe la largeur de l'anse *b*, au moyen d'un demi-cercle ayant pour centre le point de rencontre des deux lignes, lequel décrit la ligne extérieure de cette anse, sur la seconde la largeur de la boîte ; enfin la dernière, écartée de la seconde du demi-diamètre extérieur de l'anse, fixe les points d'où doivent être tirées les diagonales 4, 5 formant la pointe du cadenas. Les lignes ponctuées 6, 7, indiquent que le tracé intérieur de l'anse se fait de deux points de centre différens, à cause de l'amaigrissement de la partie attenante à la tige *c*.

Fig. 7. *Clé de ce cadenas*, dessinée sur une plus grande échelle.

L'anneau de cette clé est tracé au moyen de quatre points de centre : 1 et 2 pour les cercles extérieurs, 3 et 4 pour ceux intérieurs ; la branche peut être plus ou moins longue ; dans l'un ou l'autre cas, il suffit de descendre ou de remonter l'horizontale 1.

Fig. 8. *Verrou* pour la fermeture d'une fenêtre ou d'une porte d'armoire, etc.

a, platine ; *b*, verrou ; *c*, bouton du verrou ; *d*, cramponet ou picolet ; *e*, gâche.

Les lignes ponctuées, tracées sur cette figure, indiquent assez la manière de la dessiner, pour qu'il soit inutile d'entrer dans de plus amples renseignemens. Même méthode qu'aux *fig.* 1 et 4.

Fig. 9. *Serrure vue de face.*

a, pène ; *b*, coulisse avec son bouton *c* ; *d*, entrée ; *e*, rivure du picolet ; *f*, vis servant à fixer la serrure sur la porte : les points 1, 2, 3, sont les extrémités inférieures des vis qui, dans l'intérieur de la serrure, servent à fixer le mécanisme sur le palastre de la boîte en tôle qui renferme tout ce qui constitue l'intérieur d'une serrure.

Au moyen de la perpendiculaire et de l'horizontale obligées, on établit un carré long, dans lequel se disposent tous les détails figurés sur le palastre de cette serrure.

Fig. 10. *Marteau de porte-cochère*, vu de profil.

a, profil de la porte dans lequel est vissé le support *b* et le coin *c*; *f*, marteau; *g*, fiche sur laquelle pivote le marteau; *h*, le même marteau figuré levé.

Pour tracer ce dessin parallèlement au profil de la porte *a*, on établit la perpendiculaire 1, puis les horizontales 2 et 3; ces trois lignes servent de base à toute la construction de ce dessin. L'inclinaison de la diagonale 4, servant de milieu au marteau levé, se place à volonté.

FIG. 11. *Autre marteau de porte-cochère*, vu de face.

Le dessin de cette figure, quoiqu'un peu plus compliqué que le précédent, n'est pas, pour cela, d'un tracé plus difficile. *a*, *b*, sont des boutons dans lesquels sont fixés et pivotent les branches circulaires *c*, *d*; *e*, est la partie inférieure du marteau.

Après avoir établi la perpendiculaire et l'horizontale, on place le centre des boutons *a*, *b*, au moyen des perpendiculaires 1, 2, et de l'horizontale 3. La partie inférieure *e*, dont l'horizontale 4 est le milieu, est composée de deux demi-cercles, dont les horizontales 5, 6, en se croisant en 7, 8, avec la perpendiculaire milieu, donnent les points de centre. Les branches *c*, *d*, étant plus épaisses en bas qu'en haut, les deux demi-cercles qui les décrivent doivent être tracés de deux points de centre différens : sur l'horizontale milieu se trouve le centre pour les demi-cercles extérieurs, sur l'horizontale 9 celui des demi-cercles intérieurs.

FIG. 12. *Grille d'enceinte d'un tombeau.*

Cette grille est ornée de deux flambeaux renversés et d'un sablier, emblêmes caractéristiques des monumens funéraires.

Après avoir, comme à toutes les autres figures, établi l'horizontale et la perpendiculaire, on élève les verticales 1 et 2, sur lesquelles on marque les hauteurs des moulures 3, 4, 5 et 6, à partir, bien entendu, de la ligne supérieure du socle *a*; à droite et à gauche de ces mêmes verticales 1 et 2, on détermine la largeur haute et basse des flambeaux; on place ensuite les deux montans 7 et 8; puis on trace les diagonales 9 et 10, et enfin le cercle renfermant le sablier. Quant au sablier, composé de trois montans liés haut et bas par une traverse, son tracé ne peut offrir aucune difficulté : ce sont seulement les profils des deux urnes *b*, *c*, qui pourraient en présenter. Les portions de cercle dont ils se composent ont leur centre sur les lignes inférieures prolongées des deux traverses, là où nous les avons indiqués par les lignes 11, 12, 13, 14.

Fig. 13 et 14. *Deux motifs de balcons de fenêtres.*

La marche à suivre pour dessiner ces deux balcons est la même qu'à la figure précédente. On établira d'abord la largeur des fenêtres par les perpendiculaires *a*, *b* ; la hauteur des balcons par les horizontales *c*, *d*, *e*, et leur largeur par les perpendiculaires *f*, *g* ; puis on continuera comme il a été dit plus haut.

Fig. 14 (*bis*). *Rampe d'escalier avec pilastre* vissé sur la marche de départ.

a, pilastre ; *b*, barreau ; *c*, main courante.

Après avoir tracé la perpendiculaire 1, on fixe sur elle toutes les hauteurs des moulures qui ornent le pilastre dont elle est le centre. A la distance de 0,17 de cette première perpendiculaire, on en établit une autre servant d'axe au premier barreau ; les autres barreaux s'espacent ordinairement de 0,16 en 0,16; la main courante, qui repose sur ces barreaux, est plus ou moins inclinée, selon que les marches sont plus ou moins larges, plus ou moins hautes; toujours elle est parallèle au rampant du limon supportant les marches.

Fig. 15. *Grille à jour dans toute sa hauteur.*

Elle est scellée dans un pied droit A , couronné d'une corniche B.

Fig. 16. *Autre grille* pouvant servir, comme la précédente, à clore un jardin, une cour, etc., etc.

Elle est pleine par le bas.

Fig. 17, 18. *Deux autres variétés de grilles.*

La *fig.* 18 repose sur un mur d'appui C , et est scellée comme celle de la *fig.* 15, dans un pied droit D.

Pour dessiner ces quatre grilles on commence, comme toujours, par établir une horizontale et une perpendiculaire; puis on place les pieds droits qui doivent limiter la largeur de la grille à la distance voulue par l'usage. Si la grille doit fermer une entrée bâtarde, la distance d'un pied droit à l'autre est déterminée par la localité : cette distance varie entre 1,13 et 1,46; si elle est destinée à donner entrée aux voitures, alors cette distance doit être de 2,60 à 2,76. Les piliers ou pieds droits une fois établis, on marque les hauteurs des barreaux, leur centre à la distance de 0,11 à 0,19 les uns des autres. On aura soin de tracer les axes des barreaux dans toute la hauteur de la grille, comme nous l'avons indiqué à la *fig.* 15, afin que les bases de ces barreaux soient bien à-plomb. Pour trouver les centres des cercles *a*, *b*, de cette même *fig.* 15, on trace des diagonales d'angle à angle des carrés.

Fig. 19. *Plan de la grille*, *fig.* 15, pris à la hauteur de la charnière *c*.

Fig. 20. *Elévation et plan d'une charnière*.

Le plan *a* montre la charnière un peu entr'ouverte.

Pour dessiner cette charnière, on commence par établir le plan *a*; le reste comme aux *fig.* 3, 6 et suivantes de la *planche* 12.

Fig. 21. *Loquet pour tenir une grille ouverte*.

Ce loquet pivote sur la broche *a*, lorsque le battant de la grille vient passer sur son bizot *c* et le fait basculer; *b* est le battant de la grille vu de profil, au moment où il est retenu par le loquet. Le loquet ponctué montre le mouvement que la grille lui fait faire en passant sur son bizot.

Fig. 22 et 23. *Fers et culots de lances* ornant le haut et le bas des grilles 15, 16, 17 et 18.

Ces ornemens sont dessinés sur une grande échelle afin de faire bien comprendre la méthode à suivre pour les tracer. Cette méthode est la même que celle employée pour les *fig.* 10 et 14 de la *pl.* 13.

Le fer marqué *a* est un de ceux que l'on emploie le plus ordinairement. Après en avoir fixé la hauteur, on la divise en trois parties égales : la première partie, ou le premier tiers marque la base ; les deux autres, la partie supérieure de la lame proprement dite.

Fig. 24. *Croix en fer.*

Elle est ornée de clous partant des angles de ses croisillons.

Les deux lignes fondamentales tracées, on commence par fixer la hauteur que doit avoir la croix ; hauteur qui est plus ou moins grande, suivant la place ou l'importance du lieu qu'elle doit occuper. Ceci fait, on divise cette hauteur en trois parties égales : les deux premières sont affectées à sa base, la troisième à sa partie supérieure. Le point *a*, où se rencontrent la perpendiculaire et l'horizontale d'axes, sert de centre au cercle *b*, dans lequel doivent se renfermer et les branches 1, 2, 3 de la croix, et celui *c*, où naît l'ornement circulaire *f*, terminant chacun des croisillons *e*, et celui *d*, limitant la saillie des clous *g*, fichés dans les angles des croisillons. Pour avoir bien exactement les axes de ces quatre clous, on décrira des lignes de milieu 1, 2, 3 et 4, les sections 5, 6, 7 et 8.

Fig. 25. *Espagnolette servant à la fermeture d'une fenêtre.*

Cette fermeture est d'un mécanisme aussi simple qu'ingénieux. Il se compose d'une tringle ronde *a*, attachée sur le châssis *f* de la croisée par les trois anneaux *c*, placés au milieu des petites balustres renversées composant l'embase *b* ; à chacune de ses extrémités est un crochet *j* qui, par le mouvement de rotation qu'on lui imprime au moyen de la poignée *g*, vient se loger dans les gâches *l*, entaillées dans les dormans *k* de la croisée, où ils sont retenus par une broche en fer *m*. La croisée est maintenue fermée par l'action de la poignée *g*, pivotante sur son axe *n*, et du crochet ou support à charnière *h*, qui est fixé sur l'autre battant de la fenêtre : *i* est ce même crochet ou support, vu de profil.

Fig. 26. *Anneau à queue*, autrement dit piton à vis et à écrou.

Cet anneau est un des trois dans lesquels tourne l'espagnolette de la figure précédente : *e* est l'écrou qui l'attache au châssis ; *c*, l'œil dans lequel se meut la tringle *a*.

Fig. 27. *Plan de la gâche de l'espagnolette.*

Ce plan fait connaître la forme du crochet *j* et la place qu'occupe la broche en fer *m* qui le retient : *a* est la tringle vue en coupe.

Le dessin de l'espagnolette, *fig.* 25, n'a rien d'embarrassant. On commence par établir, aux côtés de la perpendiculaire 1, la largeur de la tringle *a* ; puis on fixe, sur cette tringle, la hauteur et le centre du pivot *n* de la poignée g par l'horizontale 2, ainsi que celle des pitons *c* placés entre les trois embases *b* servant d'ornement à la tringle.

DE LA PERSPECTIVE.

La *perspective* est la science par laquelle on représente sur un *tableau* ordinairement plan, les objets tels qu'ils paraissent à une distance et à une hauteur données à l'œil du spectateur.

Si on conçoit le tableau transparent et placé entre le spectateur et l'objet à représenter, la perspective sera donnée par les intersections successives avec le tableau des rayons visuels menés aux différens points de cet objet. Dans ce qui va suivre, nous allons donner les procédés généraux au moyen desquels on parvient à construire ces intersections.

DE LA PERSPECTIVE DES PLANS.

PROBLÈME 1er.

Déterminer la perspective d'un carré, fig. 11, *disposé dans un plan horizontal parallèlement au tableau.*

Solution. Soit A B C D le carré proposé, v'' la projection de l'œil du spectateur sur le plan du tableau, et E F l'intersection de ce plan avec celui du carré; on mènera par le point v'', que l'on appelle *point de vue* ou *point principal*, la droite v'' d'' parallèle à *la base E F du tableau*; cette droite v'' d'' se nomme *ligne d'horizon*, et sera la limite des perspectives de toutes les figures tracées dans le plan horizontal. On élèvera ensuite perpendiculairement à cette ligne la droite v'' V, sur laquelle on portera la distance de l'œil du spectateur au tableau de v'' en V; puis on mènera par ce point, et parallèlement à la diagonale D B du carré, la droite V d'', que l'on prolongera jusqu'à la rencontre de la ligne d'horizon en d''. Ce point d'' s'appelle *point de distance*, et pourrait encore s'obtenir en portant la distance v'' V de l'œil au tableau, de v'' en d''. Cela posé, on prolongera les côtés D A, C B et la diagonale D B jusqu'à la rencontre de la base E F du tableau en E, F et G; on joindra les deux points E et F avec le point de vue v'' par les deux droites E v'', F v'', et l'on mènera du point G au point de distance d'', la droite G d'', qui coupera les deux dernières aux points B' et D' : les droites B' A' et D' C', menées par ces points parallèlement à la base E F du tableau, détermineront, avec les droites A' D' et B' C', la perspective A' B' C' D' du carré A B C D.

Pour mettre en perspective le deuxième carré $a b c d$, on prolongera les deux côtés $d a$ et $c b$ jusqu'à ce qu'ils rencontrent la base E F, aux points e et f; par ces points et le point de vue v'', on mènera les deux droites $e v''$ et $f v''$, qui couperont la droite G d'' en deux points b' et d' : les droites $b' a'$ et $d' c'$, menées par ces points parallèlement à la base du tableau, complèteront, avec les droites $a' d'$ et $b' c'$ la perspective demandée.

Les perspectives A' D', $a' d'$, $b' c'$ et B' C' des droites D A, $d a$, $c b$ et C B perpendiculaires au plan du tableau, concourent toutes, comme on le voit, en un même point v'' de l'horizon appelé *point de vue*.

Les perspectives des horizontales inclinées à 45 degrés sur le tableau, ou parallèles à la diagonale D B du carré A B C D, concourent aussi en un même point d'' de l'horizon, situé à une distance $d'' v''$ du point de vue v'', égale à la distance de l'œil du spectateur au plan du tableau. Ce point d'' se nomme, comme on le sait déjà, *point de distance*.

Enfin les horizontales A B, $a b$, $d c$ et D C, parallèles au tableau, ont leurs perspectives A' B', $a' b'$, $d' c'$ et D' C' parallèles à la droite E F.

PROBLÈME 2.

Déterminer la perspective d'un triangle quelconque, fig. 2.

Solution. Supposons la base du tableau F G, le point de vue v'', la ligne d'horizon $a'' b''$ et le point V, déterminés comme dans le problème précédent ; on mènera par le point V, et parallèlement aux côtés A C et B C du triangle les droites V a'' et V b'', qui couperont l'horizon en deux points a'' et b'' ; on prolongera les côtés A C et B C du triangle jusqu'à ce qu'ils rencontrent la base du tableau en deux points E et D, que l'on joindra avec les points a'' et b'' par les droites E a'' et D b'', qui se rencontreront en C' ; on abaissera ensuite par les deux points A et B les perpendiculaires A F et B G sur la base du tableau, et l'on joindra les pieds F et G de ces perpendiculaires avec le point de vue v'' par les deux droites F v'' et G v'', qui couperont les droites E v'' et D b'' en deux points A' et B' ; les parties A' C' et B' C' de ces droites comprises entre le point C' et chacun de ces points, détermineront, avec la droite A' B' qui les joint, la perspective demandée.

On obtiendra de la même manière la perspective $a' b' c'$ du deuxième triangle abc semblable au premier A B C, et semblablement disposé.

Il est important de remarquer que les perspectives A' C', $a' c'$ des parallèles horizontales A C et $a c$ concourent en un même point a'' de la ligne d'horizon : ce point a'' se nomme *point de concours* ou *point de fuite.*

Ainsi, toutes les fois que des parallèles horizontales B C et $b c$ ne seront point parallèles au tableau, leurs perspectives B' C' et $b' c'$ concourront en un même point b'' de l'horizon : ce point se déterminera, en général, en opérant comme dans le premier cas de ce problème.

PROBLÈME 3.

Déterminer la perspective d'un hexagone régulier situé dans un plan horizontal, fig. 3.

Solution. Après avoir mené par le point de vue v'' la perpendiculaire v'' V sur l'horizon, et porté sur cette droite la distance de l'œil au tableau de v'' en V, on mènera par ce point V, et parallèlement aux diagonales C F et B E, les droites V a'' et V b'', qui couperont l'horizon aux points a''

et b''; ces deux points a'' et b'' seront les points de concours des perspectives des diagonales et de leurs parallèles. Cela fait, on prolongéra la diagonale F C ainsi que les droites A B, E D, qui lui sont parallèles jusqu'à ce qu'elles rencontrent la base G K du tableau aux points N, H et K; on prolongera de même les autres parallèles FA, EB et D C jusqu'à ce qu'elles coupent cette ligne G K aux points G, M et I, et l'on joindra les points H, N et K avec le point a'' par les droites a'' H, a'' N et a'' K; on joindra de même les autres points G, M et I avec le point b'' par les droites b'' G, b'' M et b'' I ç puis l'on réunira par des droites les points B' et C', F' et E', ou les perspectives des côtés A B, C D, A F et D E sont rencontrées par celles des diagonales B E et C F; ces droites B' C' et F' E' seront les perspectives des deux côtés B C et FE. La figure A'B'C' D'E'F' ainsi obtenue sera la perspective demandée.

La perspective du deuxième hexagone $d\,b\,c\,d\,e\,f$ s'obtiendra en effectuant de nouveau les opérations indiquées ci-dessus.

PROBLÈME 4.

Déterminer la perspective d'une courbe quelconque A B C D E F G H I K L M, *tracée dans un plan horizontal*, fig. 4.

Solution. Soient : $m\,g$ l'intersection du plan de la courbe avec celui qui doit recevoir la perspective; $h''\,d''$ l'horizon; v'' le point de vue et d'' le point de distance; pour obtenir la perspective d'un point quelconque B de cette courbe, on mènera par ce point la droite B m perpendiculairement à la base $m\,g$ du tableau; on joindra le point m avec le point de vue v'' par la droite $m\,v''$, puis on portera la distance m B du point proposé au tableau de m en b sur la droite $m\,g$; la droite $b\,d''$, menée du point b au point de distance d'', donnera par sa rencontre avec $m\,v''$ la perspective cherchée B' du point B. Pour trouver la perspective du point F, situé à la même distance du tableau, on mènera par ce point sur la droite $m\,g$ la perpendiculaire F h, et l'on fera passer la droite $h\,v''$ par les deux points h et v''; l'horizontale B' F', menée par le point B', déterminera par sa rencontre avec cette droite la perspective du deuxième point

F, on déterminera de la même manière les perspectives D',
C' et E', A' et G', M' et H', L' et I', et enfin K', d'autant
de points D, C, E, A, G, M, H, L, I et K qu'on voudra ;
la courbe A'B'C' D'E' F'G'H'I'K'L'M', tracée à la main
par tous ces points, sera la perspective demandée. Lorsque
la courbe proposée sera un cercle, sa perspective sera une
ellipse dans le plus grand nombre des cas.

Pour trouver la perspective de la tangente H N, on mènera à cette tangente par le point V, obtenu comme précédemment, la parallèle Vh", qui coupera l'horizon en h" ;
on joindra ensuite ce point avec le point N où la tangente
rencontre la base du tableau, par la droite h"N qui sera la
perspective demandée.

Le point h" sera le point de concours des perspectives de
toutes les droites parallèles à H N : ce point se nomme
quelquefois *point accidentel*.

DE LA PERSPECTIVE DES OBJETS EN ÉLÉVATION.

PROBLÈME 5.

*Construire la perspective d'un édifice disposé parallèlement
au tableau, et dont toutes les dimensions sont données par les
projections X et X', fig. 15.*

Solution. Soient A'''A$_{,,,}$ la base du tableau, d"d' la ligne d'horizon, v" le point de vue, et d", d' les points de
distance ; on prolongera les droites A E, a e jusqu'à ce qu'elles rencontrent la base du tableau aux points A$_{,,,}$ et $a_{,,,}$;
par ces points et le point de vue v", on mènera les droites
A$_{,,,}$ v" et a'''v", on prendra les distances A$_{,,,}$A, A$_{,,,}$B,
A$_{,,,}$C, A$_{,,,}$E..... des arêtes verticales de la façade au tableau, et on les portera sur la ligne de terre de A$_{,,,}$ en A$_{,,}$,
de A$_{,,,}$ en B$_{,,}$, de A$_{,,,}$ en C$_{,,}$, de A$_{,,,}$ en E$_{,,}$, de A$_{,,,}$ en
F$_{,,}$, de A$_{,,,}$ en G$_{,,}$, de A$_{,,,}$ en H$_{,,}$, de A$_{,,,}$ en I$_{,,}$, de A$_{,,,}$
en J$_{,,}$, et enfin de A$_{,,,}$ en K$_{,,}$, et l'on joindra par des lignes
droites les points A$_{,,}$, B$_{,,}$, C$_{,,}$, E$_{,,}$, F$_{,,}$..... et K$_{,,}$ avec le
point de distance d' ; ces lignes couperont la droite A$_{,,,}$$v$"
en des points A$_{,}$, B$_{,}$, C$_{,}$, E$_{,}$, F$_{,}$.... et K$_{,}$, par lesquels on

mènera à la base du tableau les perpendiculaires indéfinies $A'q$, $B'x$, $C'y$..... et Kq, qui contiendront les perspectives des arêtes verticales. Cela posé, on mènera à ces droites, par les points A''' et A'' les parallèles $A'''v$ et $A''U$, puis l'on tracera sur la première le profil $v u$, t, s, r, q, p, o, $y z n$, n, m, l, a de l'édifice, et l'on portera sur la deuxième les hauteurs a, l, l, m, m, n, n, y, yo..... de ses diverses parties, de A en L, de L en M, de M en N, de N en R, de R en O....; on mènera ensuite par les angles l, m, n, n, y, z, o, p, q, r, s, t, u et v du profil, et le point de vue v'' des droites qui seront les perspectives des arêtes horizontales perpendiculaires au tableau, pour obtenir les perspectives des arêtes parallèles au tableau, on joindra les points L, M, N, R, O, P, Q, S, T et U avec le point d' par des droites, et l'on mènera par des points de rencontre l, m, n, n, r, o, p, q, s, t et u de ces dernières, avec les perspectives précédentes, des droites parallèles à la base A''' A''' du tableau : les horizontales ainsi déterminées seront les perspectives demandées.

Les droites a, l, $m n$, o, p, $q z$ et tu, menées par les points a et l, m et n, o et p, q et r, et enfin t et u, composeront, avec la verticale A, q, la perspective de l'angle de l'édifice le plus près du tableau.

Pour obtenir la perspective de l'angle le plus éloigné, on joindra le point de rencontre v, où la droite $v p$ coupe la verticale k, v, avec le point de distance d'' par la droite $v d''$; cette droite $v' d''$ rencontrera la perspective u, v'' en un point u'', qui sera un des points de l'angle cherché; on obtiendra les autres en continuant d'opérer comme il vient d'être indiqué.

Si les droites q, r, et t, u, sont dans le prolongement l'une de l'autre, il en sera de même des perspectives qr, tu et q, r, t, u.

Il est important de remarquer que les perspectives x, y, y, x..... des fenêtres sont déterminées par les rencontres des verticales menées par les points B, C, E, F..... avec les droites n, o, et $y v''$; pour trouver la perspective de l'épaisseur CD, on abaissera du point D la perpendiculaire DD' sur la base du tableau, et l'on portera la distance $D'''D'$ sur cette base de D''' en D; l'on joindra ensuite

ce point D_{...} avec le point *d'* par la droite D_{...} *d'* qui rencontrera la droite D_{...} *v*_{..} menée du point D_{...} au point de vue
*v*_{..} en un point D_. ; la verticale D_. *z*_{..} menée par ce point,
complètera avec les horizontales *y*_. *z*_., *y*_{..} *z*_{..} et les droites
v'' *z*_. et *v*_{..} *z*'' la perspective demandée.

On obtiendra de la même manière les épaisseurs correspondantes aux autres fenêtres.

<h3 style="text-align:center">PROBLÈME 6.</h3>

*Construire la perspective d'un édifice parallèle au tableau,
et donné par ses deux projections* Y, Y', *fig. 5.*

Solution. Par les points *e*, E, D, *d*, *a* et A, on mènera
les perpendiculaires *ee'''*, EE''', DD''', *dd'''*, *aa'''* et AA'''
à la base A''' A_{...} du tableau, et l'on portera sur cette ligne les distances *e*_{...}*e*, *e*''*f* de *e*''' en E'' et de *e*''' en *f*'' ;
les droites *e* E'' et *ff*'', menées des points *e* et *f* aux points
E'' et *f*'', seront parallèles entre elles et inclinées à 45 degrés sur la base du tableau. Ainsi, pour porter la distance
E_{...} F sur cette base, de E''' en F''', il suffira de mener aux
droites *e* E'', *ff*'' la parallèle F F''' ; on mènera de même à
ces lignes, par les autres points D, *d*, *a*, *b*, B et *c*, les parallèles D D'', *dd*'', *a* A'', *bb*'', B B'' et *c* C'' ; on joindra
ensuite les points E'', *f*'', F'', D'', *d*'', A'', *b*'', B'' et C''
avec le point de distance *d*'' par des droites ; ces lignes rencontreront les droites menées des points *e*''', E''', D''', *d*''',
a''' et A''' au point de vue *v*'', en des points *e*', E', *f*', F',
D', *d*', *a*', A', *b*', B', *c*' et C', par lesquels on mènera des
perpendiculaires à la base du tableau ; ces droites seront
les perspectives des arêtes verticales de l'édifice proposé.

Cela fait, on élèvera au point *e*''' de la droite A''' A_{...} la
perpendiculaire indéfinie *p g*, sur laquelle on tracera le profil E'''H''' *h*''' *g* Q R *s* S T *t*..... de l'édifice, et l'on mènera
de ses différens angles H''', *h*''', *q*, Q, R, *s*, S, T, *t*..... des
droites au point de vue *v*'' ; puis, par le point *d*'' et chacun
des points *s*' et *t*', où les lignes *s v*'' et *t v*'' rencontrent la
perpendiculaire *e*'*t*', on fera passer les droites *s*' *d*'', *t*' *d*''
qui couperont les lignes S *v*'' et T *v*'' aux points S' et T' ;
par ces points ainsi que par le point *s*', on mènera les horizontales *s*' *s*'', S'S'' et T'T'', qui seront les perspectives

des arêtes du bandeau s S T i, parallèles au tableau, et l'on joindra le point s'', où l'horizontale s' s'' rencontre la verticale a' s'', avec le point d'' par la droite d'' s''; cette droite rencontrera l'horizontale S' S'' en un point S'', par lequel on mènera à a' s'' la parallèle S'' T''', qui coupera la droite T' T'' en T''; les droites menées des points s'', S'' et T'' au point de vue v'', seront les perspectives des arêtes du bandeau perpendiculaires au tableau. Les perspectives des autres arêtes s'obtiendront en opérant de la même manière.

Maintenant, pour obtenir les perspectives des cercles de la façade parallèle au tableau, on mènera par les projections horizontales L et M de leurs centres la perpendiculaire L L'' à la base du tableau, et l'on joindra le point L'' avec le point de vue v'' par la droite L'' v''; cette droite rencontrera les droites e' d' et f' M', menées parallèlement à A''' A$_{,,}$, en deux points L' et M', par lesquels on élèvera sur cette droite les perpendiculaires L' L'' et M' M''; la première rencontrera la perspective r' r'' de la ligne de naissance en un point L'', par lequel on mènera au point v'' la droite L'' v'', qui coupera la deuxième perpendiculaire en un point M''; les cercles décrits des points L'' et M'' comme centres, avec les distances L'' r' et M'' i pour rayons, seront les perspectives demandées.

Pour trouver la perspective du cercle de la façade perpendiculaire au tableau, on prendra la distance m a''' du centre de ce cercle au tableau, que l'on portera sur la droite A''' A$_{,,}$ de a''' en m''; par ce point et le point d'' on mènera la droite m'' d'', qui coupera la ligne a''' v'' en en un point m'', par lequel on élèvera la droite m'' S''' perpendiculairement à la base du tableau, cette droite déterminera sur la perspective r' v'' de la ligne de naissance celle L''' du centre du cercle proposé; on mènera ensuite par le centre L''' du cercle r' S r'', le rayon L''' S, parallèle à la verticale d' V, et les rayons indéfinis L''' X, L''' V, qui couperont le cercle aux points U et T et la verticale d' V aux points X et V; par ces points on mènera les horizontales U u, T t, S s, X x et V v; ces lignes rencontreront l'arête verticale a' v en des points u, t, x et v, que l'on joindra avec le point de vue v'' par des droites; puis on mènera par le point L''', et chacun des points X' et X'', V' et V'', où les deux derniè-

res coupent les verticales b' V', c' V'', les droites X'L''',
X''L''', V'L''' et V''L''', qui détermineront, par leurs rencontres avec les droites $u v''$ et $t v''$, des points de la perspective cherchée; la courbe, menée à la main par les points
ainsi obtenus, sera la perspective demandée.

Cette perspective sera une ellipse tangente au point S'''
de la droite S v''.

Pour obtenir la perspective de la face dont $g k$ est la projection horizontale et celle des fenêtres parallèles au tableau, on prendra la distance $g e'''$, que l'on portera sur la
base du tableau de e''' en G''; on joindra le point G'' avec
le point d'' par la droite G'' d'', qui coupera les lignes
e''' v'', E''' v'' en deux points g' et G', par lesquels on mènera des droites parallèles à la base du tableau, et les perpendiculaires g' g''' et G'G''' sur cette base, ces perpendiculaires rencontreront les droites h''' v'', H''' v'' aux points
g''' et G'''; par ces points on mènera des parallèles à la
droite A'''A$_{\scriptscriptstyle{(((}}$, qui seront les perspectives des arêtes horizontales h''' et H''' de la face proposée. Les perspectives
des autres arêtes q Q R et S s'obtiendront en opérant comme
il a été indiqué ci-dessus; ces opérations effectuées, on
mènera à la ligne A'''A$_{\scriptscriptstyle{(((}}$, par les points J et K, les perpendiculaires J J''', K K''', et l'on joindra les points J''' et
K''' avec le point de vue v'' par les droites J''' v'' et K''' v'',
ces droites rencontreront les horizontales e' d' et g' J'' en
des points J', K' et J'', par lesquels on élèvera à la base du
tableau les perpendiculaires J'j', K' k' et J'' p''; les deux
premières seront les perspectives des arêtes verticales de la
fenêtre située sur la face $a e$ au dessus du bandeau j' k', et
la dernière contiendra les perspectives des arêtes de celles
situées sur la face $g k$; pour terminer ces perspectives, on
marquera sur le profil E'''H''' h''' q Q R s S T t les projections n, o et p de leurs arêtes horizontales, et l'on joindra
ces points n, o, p avec le point de vue v'' par des droites
qui couperont la verticale g' p' aux points n', o' et p'; les
horizontales n' n'', o' o'' et p' p'', menées par ces points, détermineront, avec la droite J''p'', les perspectives demandées.

Les perspectives des fenêtres situées sur la face perpendiculaire au tableau, s'obtiendront en opérant comme il a été indiqué dans le problème précédent.

REMARQUES RELATIVES AUX FIGURES DE LA 2ᵉ PLANCHE DE PERSPECTIVE.

FIGURE 6.

La *fig.* 6 représente la perspective d'un intérieur dont le plan A B C D et la coupe A E sont donnés ; cet exemple est destiné à montrer que *les perspectives de toutes les horizontales parallèles doivent toujours concourir en un même point de l'horizon.*

Le point de fuite F'' des perspectives $a'b'$, $a''b''$ des horizontales situées dans le plan vertical ab s'obtiendra en général en menant par le point V déterminé, comme dans le *problème* 1ᵉʳ, la droite VF'' parallèle à la trace horizontale ab ; cette droite rencontrera la ligne d'horizon en un point F'', qui sera le point demandé.

Il suit de là 1° que les perspectives de toutes les droites perpendiculaires au tableau doivent toujours concourir au point de vue v''.

2° Que les perspectives $e'f'$, $e''f''$ de toutes les horizontales parallèles au tableau doivent toujours être parallèles à la ligne d'horizon.

FIGURE 7.

Cette figure représente la pespective d'un intérieur dont le plan A B C D et la coupe A E $abcd$.....H D sont donnés ; dans cet exemple, les droites passant par les angles rentrans et saillans des marches, et comprises dans les plans ab, cd et ef parallèles au tableau, ont leurs perspectives $a''b''$, $a'b'$, $c'd'$ et $e'f'$ parallèles entre elles.

On comprendra facilement par là qu'en général *les perspectives de toutes les droites parallèles entre elles et au tableau, sont toujours parallèles entre elles.*

FIGURE 8.

La *fig.* 8 représente la perspective de l'intérieur d'une

salle de cours dont le plan et la coupe sont donnés comme dans les figures précédentes. Il est important de remarquer que, dans cet exemple, les perspectives $a'' b'$, $a' b'$ et $d' c'$ des droites passant par les angles rentrans et saillans des marches, et comprises dans des plans verticaux $a b$ et $d c$ perpendiculaires au tableau, concourent toutes en un même point C' de la perpendiculaire v'' C', menée par le point de vue v'' sur la ligne d'horizon; on obtiendra ce point C' en faisant sur cette ligne $d'' v''$, au point de distance d'', l'angle C' $d'' v''$ égal à l'angle des droites menées par les angles des marches, avec le plan horizontal; le point de rencontre C' du côté d'' C' de cet angle, avec la perpendiculaire v'' C', sera le point de concours cherché.

Il suit de là qu'en général *les perspectives des droites parallèles entre elles, et comprises dans des plans verticaux perpendiculaires au tableau, concourent toutes en un même point C' de la droite, menée par le point de vue v'' perpendiculairement à la ligne d'horizon $d'' d'$.*

FIGURE 9.

La perspective de cette figure représente l'intérieur d'une cour A B C D, et celle d'un puits commun à deux propriétés séparées par un mur B C.

On devra observer dans cet exemple, comme dans les exemples précédens, 1° que les perspectives $e' f' g'$ et $e'' f'' g''$, $a' b' c'$ et $a'' b'' c''$.... des figures horizontales égales, se resserrent et diminuent de hauteur au fur et à mesure qu'elles se rapprochent de l'horizon, ou qu'elles se rapprochent du plan horizontal mené par l'œil du spectateur; et enfin qu'elles se confondent avec cette ligne $v'' d''$, lorsque les figures proposées sont situées dans ce plan.

2° Que les objets terminés par des faces horizontales montrent toujours leur face supérieure lorsqu'ils sont situés au dessous du plan horizontal, mené par l'œil du spectateur, et leur face inférieure lorsqu'ils sont situés au dessus.

FIGURE 10 ET DERNIÈRE.

L'exemple de cette figure représente la perspective d'un

tombeau A B C D , donné par ses projections X, Y et Z, et disposé d'une manière quelconque relativement au tableau E F ; la perspective placée à sa gauche suffira pour montrer de quelle manière il faut opérer pour obtenir dans tous les cas, celles des quarts de cercle placés à chacun des angles supérieurs de sa corniche.

On devra remarquer dans cet exemple, 1° que les perspectives des arêtes parallèles des frontons opposés L' M' N' et *l' m' n'* concourent en un même point du tableau ; 2° que les points de concours L'' et N'' de ces perspectives M' L' et *m' l'*, M' N' et *m' n'* sont situés sur la perpendiculaire N'' L'', menée sur l'horizon au point de concours *b''* des horizontales parallèles aux plans des frontons ; 3° et enfin que les distances *b''* L'' et *b''* N'' de ces points de concours à l'horizon sont égales entre elles.

Pour trouver les points de concours L'' et N'', on portera la distance *b''* V sur l'horizon de *b''* en M'', les droites M'' L'' et M'' N'', menées par ce point parallèlement aux projections M L et M N des arêtes proposées, couperont la perpendiculaire indéfinie N'' L'' en deux points L'' et N'', qui seront les points demandés.

On peut conclure de là qu'en général *les perspectives des droites parallèles entre elles doivent toujours concourir en un même point du tableau.*

DU DESSIN LINÉAIRE

APPLIQUÉ A L'ORNEMENT.

(Planche 21.)

L'objet de cette planche est de fournir l'occasion d'appliquer à un genre de dessin qui exige une rectitude mathématique dans ses contours, un parallélisme parfait, dans toutes ses parties, ce qu'ont enseigné nos démonstrations précédentes. Les objets qu'elle renferme sont peu nombreux et auraient pu être multipliés à l'infini : ce genre de dessin est fort varié et fort riche en motifs, car il admet les figures, les animaux, les fleurs, les fruits ; mais le cadre de notre ouvrage ne comportait qu'une introduction à son étude et à son tracé. Cette planche remplira d'autant mieux ce but qu'elle présente des exemples, variés de formes, qui nécéssitent pour leur tracé des opérations particulières. Au moyen de l'échelle que nous avons mise au bas de cette planche, l'élève pourra se rendre compte des proportions relatives de toutes ces figures.

FIGURE 1. *Couronne de laurier.*

Pour dessiner cette couronne il faut commencer, comme nous l'avons fait dans nos autres dessins, par tracer une perpendiculaire et une horizontale ; puis, du point où ces deux lignes se coupent, comme centre, décrire les cercles 1, 2 et 3 : le premier et le troisième déterminent la largeur de la couronne, le deuxième servira d'axe à la branche principale ; ensuite on divisera chacun des quarts de cercle par moitié et on tracera les diagonales 4, 5, 6 et 7, lesquelles, avec les lignes horizontale et perpendiculaire déjà indiquées, servent à séparer dans leur courbe les feuilles principales les unes des autres. Les feuilles du milieu qui recouvrent les autres seront tracées les premières ; le tout, esquissé le plus légèrement possible, sera mis ensuite au net avec précision. Les coups de forcé destinés à faire sentir le côté de l'ombre termineront ce dessin.

FIG. 2. *Étoile à cinq pans*, placée au milieu de la couronne, *fig.* 1.

La figure d'une étoile à cinq pans devant être renfermée dans un cercle, on commence par tracer le cercle dans lequel on veut la circonscrire. Le point de centre ayant été pris sur la perpendiculaire et l'horizontale, ce cercle se trouve naturellement être partagé en deux par l'une d'elles. On divise cette demi-circonférence en cinq, et marque chacun des points par les lettres *a, b, c, d, e*; on reporte les mêmes divisions sur la seconde moitié du cercle, qu'on marque par les lettres *f, g, h, i, j*. Les dix points une fois établis, de deux en deux, à partir de *a, c, e, g, i*, on trace les lignes qui forment cette étoile. La première à tracer est *i, c*, puis *a, e, a, g, c, g* et *i, e*. Il ne reste plus qu'à marquer les cotes : pour cela faire, du point de centre aux pointes de l'étoile marquées *a, c, e, g, i*, on tire les lignes *k, l, m, n*.

On pourrait, si l'on n'était obligé de mettre cette étoile d'à-plomb sur elle-même, c'est-à-dire la pointe *a* d'équerre sur la ligne *i, c*, ne diviser le cercle qui la renferme qu'en cinq points seulement ; de ces points, indiquant les extrémités *a, c, e, g, i*, tracer les lignes qui se correspondent et servent à la former ; puis de ces mêmes points aux angles renfoncés *o*, marquer les lignes *k, l, m, n*.

FIG. 3. *Couronne en feuille de chêne.*

Comme à la figure précédente, on commence par tracer les cercles 1, 2 et 3 ; on divise en deux chacun des quarts, et dans chacun d'eux on place les feuilles. Comme les feuilles de chêne sont plus chargées de détails que celles de laurier, on les établit d'abord par masses à l'aide d'un simple trait, comme 8 et 9 ; la place de toutes une fois arrêtée, on s'occupe à leur donner leur vraie forme et de rendre leurs détails intérieurs comme sont celles 10 et 11 ; ensuite on place les glands, en faisant bien sentir par leurs attaches ceux qui sont vus en dessus et ceux qui sont vus en dessous. Les coups de force pour indiquer les ombres viendront ensuite.

Fig. 4. *Attributs du commerce*, composés d'un caducée et d'une corne d'abondance.

Nota. Ces attributs devront être dessinés isolément; nous les avons placés au centre de cette couronne pour utiliser la place qui nous restait.

On commencera par le caducée en traçant la diagonale ab, qui lui servira de milieu; puis on divisera toute la hauteur qu'on voudra lui donner en quatre parties égales; sur la première de ces divisions on placera la diagonale c se coupant à angle droit avec ab; on marquera à droite et à gauche de cette ligne la largeur à donner à la partie supérieure du caducée, laquelle sera divisée en trois pour avoir les points de centre e, d, devant servir à tracer l'ovale dans lequel doivent être renfermées les têtes et la partie supérieure des serpens. Sur la seconde division sera le point de centre pour tracer le cercle formé par leur corps; sur la troisième sera celui du cercle que forme les queues; sur la quatrième division enfin, reposera le culot terminant le manche du caducée. Ces trois cercles une fois placés, on indiquera, en dedans, l'épaisseur des corps des serpens en liant avec goût chaque cercle l'un avec l'autre; on dessinera les têtes en se rapprochant le plus possible de celle que nous avons développée, *fig.* 5, en évitant de leur donner, comme cela arrive fort souvent, la forme des têtes de canards.

Pour dessiner la corne d'abondance qui accompagne ce caducée, on commencera par tracer la ligne de milieu f dans la direction que nous avons indiquée; ensuite les horizontales g, puis les diagonales h; sur chacune de ces lignes on marquera la largeur de la corne d'abondance à ces différentes hauteurs; on aura par ce moyen les deux contours réguliers; ces contours une fois arrêtés, on placera les fruits qui sortent de la corne d'abondance, et l'on terminera le dessin par le ruban ou bandelette qui l'accompagne, et qui n'est ici que comme remplissage.

Fig. 5. *Tête de serpent développée.*

Sur cette figure sont ponctuées les grandes lignes qui déterminent le mouvement à donner aux formes principales.

On mettra bien en harmonie entre elles les lignes *a*, *b*, afin de donner le mouvement convenable aux formes caractéristiques de cette tête.

Fig. 6. *Attributs de marine*, composés d'un gouvernail et d'un trident liés ensemble par un câble.

Il faut commencer ce dessin par établir les perpendiculaires *a*, *b*, *c*, puis les horizontales *d*, *e*, *f*; la première donnera le centre de la poignée du gouvernail; la deuxième *e*, en se coupant à angle droit avec *b*, donnera le point de centre pour tracer au compas la partie supérieure de la volute du gouvernail; la troisième *c*, en se coupant en *f*, celui de la volute inférieure; on réunira, en traçant à la main, ces deux parties haute et basse, en donnant à ce profil toute la souplesse et toute la grâce possible. Pour le caducée, l'on fera passer exactement la diagonale *h* au point *i*, où la perpendiculaire *a* se coupe avec *d*; le trident se dessinera comme il a été indiqué *planche* 13, *fig.* 10. Pour le câble *g*, qui lie ces deux attributs, et le roseau, qui orne le dedans du gouvernail, le premier principe à suivre est le goût et un peu d'intelligence.

Fig. 7. *Flambeau ailé.*

La largeur haute et basse de ce flambeau se marque aux points 1, 2, 3, 4; les points de centres, du quart de rond formant cavé renversé et cavé droit, sont 5, 6, 7 et 8. Pour dessiner les ailes qui accompagnent ce flambeau, on trace de chaque côté un carré long qui aide à en régulariser la place et la forme. Cette opération faite, on s'occupe des détails indiqués par les lignes *a*, *b*, *c*; une fois ces détails bien mis en place, on donne les coups de force comme il est indiqué à gauche de cette figure. Après avoir, au moyen des points *d*, *e*, tracé l'espèce d'ogive qui détermine la place que doit occuper la flamme, on marque sur la perpendiculaire les points *f*, *g*, *h*, *i*, en ayant soin de tenir leur espacement progressivement moins grand à mesure qu'on arrive par le haut; sur ces points on trace des diagonales qui, parallèles entre elles, servent à dessiner les spirales indiquant les flammes.

Fɪɢ. 8. *Urne antique* dans laquelle les Romains renfermaient les cendres des héros.

Après avoir, sur la perpendiculaire, marqué les horizontales *a*, *b*, *c* fixant les trois principales hauteurs, sur celle *b* on marque la largeur *e f* que doit avoir l'urne dans sa partie supérieure; *g*, *h* sont les points pour tracer au compas la partie inférieure. Les contours de la gorge et du ventre de l'urne, comme ceux des anses, se régularisent, et se tracent au moyen des parallèles 1, 2, 3 et 4, en opérant comme il a été dit à l'occasion de la *fig.* 10, *pl.* 13.

Fɪɢ. 9. *Deux Palmettes se croisant dans leur partie inférieure.*

On commence par tracer, à égale distance de la perpendiculaire *a'*, les deux centres *b'* des palmettes; puis, sur ces deux lignes, on établit un nombre égal et correspondant de divisions dans lesquelles, de deux en deux, devront naître et se terminer les palmes; ces divisions *c' c'* seront plus pressées les unes des autres à mesure qu'elles se rapprocheront davantage de la naissance de la branche. Sur chacune on trace des parallèles, puis des obliques quand le tournant des branches pour se rejoindre le demande. Ces lignes ont pour objet l'application de la méthode employée *fig.* 10, *pl.* 13, à laquelle nous renvoyons.

Avant de passer au trait les feuilles de palmettes, on les esquissera en les renfermant exactement dans les limites indiquées par les lignes, comme nous l'avons fait en *d'*. Les places une fois bien arrêtées, on épurera son trait et on fera sentir le côté de l'ombre de chaque branche et feuille par des coups de force comme cela est indiqué *e' e'* sur notre dessin.

Fɪɢ. 10. *Culot supportant une espèce de coquille*, et donnant naissance à un double enroulement régulier.

Après avoir tracé la perpendiculaire et l'horizontale obligées, on marquera sur cette dernière, à égale distance de la première, le point de centre *c* de la rosace *b*, puis on décrira le cercle qui la renferme, et, le plus correctement possible et avec le plus grand soin, la ligne spirale *a* formant la volute ; du tracé de cette volute dépendra toute la grâce de l'ornement. Ensuite, par les lignes *d*, on déterminera les premières grandes masses de feuilles ; on marquera dans leur intérieur les points *e*, qui devront servir à placer les yeux de l'ornement ; de ces yeux, mis en harmonie avec les premières masses désignées par les lignes *d*, on fera partir les secondes masses de feuilles marquées *f*, que l'on détaillera ensuite : on suivra la même méthode pour le culot. La coquille qui termine ce dessin se trace du point de centre *g* : les cercles *h*, *i* déterminent sa hauteur et sa largeur ; par les lignes *k*, symétriquement espacées, on marque les divisions des côtes.

Fig. 11. *Une lyre groupée avec une palme et une branche de laurier.*

Quand on a dessiné la *fig.* 8 de cette planche et celles plusieurs fois citées de la *pl.* 13, on comprend que les horizontales ponctuées sur ce dessin ont pour objet de fournir le moyen d'établir un parallélisme parfait entre les parties correspondantes de cette lyre.

Pour dessiner la palme et la branche de laurier, on commencera par les grandes masses *a* ; on groupera ensuite les feuilles *b*, puis on détaillera chacune de forme et d'effet.

Fig. 12, 13, 14, 15, 16 et 17. *Rosaces variées.*

De ces variétés de rosaces, d'une difficulté progressive de tracé, la démonstration de la première mettra sur la voie des autres comme de toutes celles qui pourront se présenter. Au lieu de les reproduire toutes ensemble dans un même cercle, comme nous l'avons fait pour économiser l'espace, l'élève devra les dessiner chacune à part et au complet, en opérant comme il va être dit.

FIGURE 12.

Après avoir déterminé, par le cercle *b*, la grandeur que l'on veut donner à cette rosace, l'on divise ce cercle en seize, en partageant chacun des quarts en quatre. On mène au point de centre ces divisions, puis ensuite on trace autant de cercles qu'il est nécessaire pour placer partout à la même hauteur l'ornement qu'on devra répéter ; chacun sera ou à la partie de l'ornement dont il fixera la place ou la limite.

FIGURE 13.

Après avoir, comme nous l'avons indiqué plus haut, marqué d'une lettre de renvoi correspondant à la feuille tracé et divisé le cercle qui doit contenir la rosace, l'élève comptera le nombre de points principaux que les détails de chaque feuille devront occuper, et il les indiquera par autant de portions de cercle. Ainsi il tracera les cercles *a*, *b* marquant la valeur du champ à réserver lisse, celui *c* limitant la retombée de la feuille, ceux *d*, *e* marquant où les feuilles en contact devront partout se toucher, celui *f* fixera le point où la feuille prendra naissance, etc., etc.

Il faudra s'abstenir autant que possible de tracer dans leur entier les cercles de repère, dans la crainte de faire confusion. Dans cet exemple *c*, *f* peuvent l'être entièrement, mais *d*, *e* seulement sur les divisions où il y a jonction de feuilles.

Lorsque toutes les places seront bien arrêtées, que les grandes masses des feuilles ou des ornemens auront été bien étudiées, on épurera les contours, et, tout-à-fait à la fin, on s'occupera des détails intérieurs.

L'élève ne saurait trop se pénétrer de l'efficacité de ce moyen d'opérer; il y trouvera une grande économie de tems et de peine, et arrivera certainement, avec un peu d'attention, à un résultat satisfaisant.

Il est aisé de se convaincre, par les lignes ponctuées sur les *fig*. 14, 15, 16 et 17, que la méthode suivie pour les *fig*. 12 et 13 leur est tout-à-fait applicable.

Dans la *fig*. 16, les cercles *g* ont toujours leur point de centre sur la ligne de milieu de la feuille ou de l'ornement, à l'endroit où *h* vient le couper à angle droit avec la portion de cercle *i*.

La *fig*. 17 étant, de tous ces dessins, le plus compliqué, nous n'avons pas cru devoir tracer dessus les lignes d'opération; toujours est-il que cet exemple a été dessiné d'après la méthode enseignée pour les autres; toutefois nous devons faire observer que cette figure, destinée à orner un caisson carré, peut, comme la précédente, servir de rosace en la renfermant dans le cercle ponctué K.

ARPENTAGE.

DES INSTRUMENS ET DU DESSIN TOPOGRAPHIQUE.

(Planche 22.)

L'arpentage, dont le but est de mesurer les terrains, de fixer la position de leurs diverses parties les unes à l'égard des autres, et de déterminer les aires comprises entre leurs limites, se divise en trois parties :

La *première*, qui constitue ce qu'on appelle proprement *l'arpentage*, comprend toutes les opérations à effectuer sur le terrain, pour déterminer sa configuration et son étendue superficielle.

La *deuxième*, qui est l'art de *lever* ou de *faire un plan*, consiste à rapporter sur le papier, au moyen d'une échelle et d'un rapporteur, les différentes mesures données par l'observation ; la figure construite avec ces données se nomme, en général, *plan, carte* ou *projection du terrain.*

Et enfin, la *troisième* comprend toutes les opérations de calcul, relatives à la détermination de l'aire du terrain proposé.

Les opérations à faire sur le terrain consistent, dans l'observation des angles formés par les droites menées par les points remarquables, et dans la mesure de ces droites.

Les différens instrumens en usage pour ces opérations sont : les *jalons*, la *chaîne*, l'*équerre d'arpenteur*, le *graphomètre*, la *planchette*, la *boussole* et le *fil à plomb*.

Les *jalons*, *fig.* 1, sont des bâtons droits d'un mètre et demi à deux mètres de longueur, munis à l'une de leurs extrémités d'une pointe en fer, et quelquefois à l'autre d'un petit rectangle blanc appelé *voyant*. Ils se plantent en terre, aux différens points de la campagne qu'on veut prendre pour signaux, ou pour stations successives ; ils servent aussi à prendre des alignemens sur le terrain, c'est-à-dire à mener des lignes droites par des points donnés.

La *chaîne*, *fig.* 2, au moyen de laquelle on prend les dimensions des terrains, est formée de chaînons ou tiges de gros fil de fer, dont chaque bout est courbé en boucle, et qui sont réunis deux à deux par un anneau; les chaînons ont chacun deux décimètres de longueur entre les centres de deux anneaux consécutifs. Les anneaux sont en fer et égaux entre eux, excepté ceux qui sont de mètre en mètre, qu'on fait en cuivre, et celui du milieu, qui est un peu plus fort que les autres; la chaîne, composée de 50 chaînons, a 10 mètres ou 1 décamètre de longueur, et elle est terminée à chaque bout par une poignée, qui fait partie de sa longueur totale.

L'*équerre d'arpenteur*, *fig.* 3, est un instrument cylindrique ou prismatique, en cuivre, coupé à angle droit par deux fentes verticales et rectangulaires; la partie inférieure de l'une d'elles est évidée par une ouverture en forme de fenêtre, divisée en deux parties égales par une soie. Cet instrument, muni d'une douille et placé à l'extrémité d'un bâton que l'on plante verticalement en terre, sert à mener sur le terrain des lignes perpendiculaires entre elles; on l'emploie utilement pour lever le plan des pièces de terre, et en mesurer l'étendue superficielle.

Le *graphomètre*, *fig.* 4, instrument porté sur un pied à trois branches et à genou, sert à mesurer les angles formés par les droites menées dans l'espace d'une station à deux signaux éloignés; il est composé d'un *limbe* demi-circulaire et gradué, ayant de 15 jusqu'à 30 centimètres de diamètre, et d'une règle en cuivre ou *alidade* mobile autour du centre; les deux extrémités du diamètre qui terminent le limbe, et celles de l'alidade, sont pourvues de lames de cuivre, ou *pinnules*, perpendiculaires au plan de l'instrument; l'une des pinnules de l'alidade est fendue, verticalement à sa partie supérieure, et sa partie inférieure est percée d'une ouverture rectangulaire, divisée en deux parties égales par une soie : tandis que l'autre pinnule a la fenêtre à la partie supérieure, et la fente à la partie inférieure. Les pinnules placées aux extrémités du diamètre, sont disposées de la même manière.

Pour obtenir plus d'exactitude dans l'évaluation des angles mesurés au moyen de cet instrument, l'alidade porte avec elle un petit arc de métal appelé *vernier*, dont le bord rase les divisions du demi-cercle, et sur lequel un arc de 59 degrés du limbe est divisé en 60 parties égales; la différence entre les parties du limbe et celles du vernier étant égale à $\frac{1}{60}$ de degrés ou une minute, on obtiendra facilement, au moyen des chiffres marqués sur le limbe et le vernier, les nombres de degrés et de minutes compris entre les côtés de l'angle observé.

La *planchette*, *fig.* 5, est un instrument très-souvent employé pour la levée des plans : il est composé d'une tablette de 6 à 8 décimètres de côté, portée sur un pied à trois branches surmonté d'un genou, qui sert à établir la planchette horizontalement; une feuille de papier tendue à sa surface est destinée à recevoir le plan demandé, qui s'y forme successivement et sur le terrain, à mesure qu'on fait les observations; enfin, une alidade terminée par deux pinnules à charnière pour observer les objets, et disposées de manière à ce que le plan passant par les fentes ou les soies des fenêtres rase le bord de la règle, sert à mener, sur le papier, les lignes du plan dans la direction de celles du terrain.

Les visées se font avec l'alidade : pour cela, on fiche une aiguille sur la planchette au point qui doit représenter le lieu que l'on occupe sur le terrain; puis l'on applique l'alidade contre cette aiguille, en la dirigeant vers un des objets que l'on veut indiquer sur le papier, et l'on trace le long de la règle une droite au crayon; cette droite représentera la projection du rayon visuel, mené du point de station au point observé.

La *boussole*, *fig.* 6, qui est un instrument dont l'usage est fondé sur la propriété connue de l'aiguille aimantée, de prendre une direction constante dans chaque localité, est composée d'une boîte plate carrée, en bois ou en cuivre, et d'un cercle en cuivre argenté, divisé en degrés et demi-degrés; au centre est un pivot d'acier trempé, sur la pointe duquel une aiguille aimantée tourne librement sur sa chape, de manière que les deux points arrasent le limbe sans le toucher; dans l'état de repos, la direction de l'aiguille n'est pas très-éloignée, à l'ouest, du méridien nord : cette direction, qui fait avec le méridien un angle de 22 degrés, se nomme *méridien magnétique*.

Sur un des bords de la boîte, et parallèlement au diamètre du cercle qui répond à o et 180°, est une alidade *a*, représentée de face en *b*, mobile sur un axe en son milieu, et formée d'un petit tube creux quadrangulaire fermé d'une plaque à chaque bout. Ces plaques, qui sont percées d'un petit trou, et d'une languette verticale au dessus, remplacent le fil des alidades ordinaires.

Il est important de remarquer que les valeurs des angles obtenues au moyen de cet instrument sont peu précises; le peu d'étendue du limbe, et surtout la grande mobilité de la pointe indicative, ne permettent pas de compter sur une grande exactitude; la boussole ne peut donc pas être employée pour les levés exacts, mais l'usage en est si facile et si prompt, qu'on y a recours toutes les fois qu'une grande précision n'est pas jugée nécessaire.

Enfin, le *fil à plomb*, *fig.* II, est formé d'un fil flexible, dont l'une des extrémités porte un poids. Ce fil, suspendu par son autre extrémité, prend toujours, dans l'état de repos, une position exactement perpendiculaire à la surface de la terre. Cette direction, qui est toujours la même pour le même lieu, se nomme *verticale*.

Tels sont les instrumens le plus souvent employés pour la levée des plans. Nous n'entrerons pas dans de plus grands détails sur leur construction; ces détails, à peu près inintelligibles pour les personnes qui n'ont pas vu ces instrumens, deviendraient superflus pour celles qui les connaissent; au surplus, leur inspection et la pratique des opérations auxquelles ils sont destinés, suffiront pour apprendre en peu de tems de quelle manière on les emploie, et quelles sont les précautions qu'il faut prendre pour s'en servir utilement. Nous ne les donnons ici, que pour éclaircir ce que les notions précédentes pourraient avoir d'obscur, et non pour les dessiner.

Il n'en est pas de même des dessins de topographie gravés sur cette planche; avant d'aller reconnaître le terrain avec les instrumens, l'élève devra avoir appris à tracer convenablement tous les objets qui sont ici figurés, afin de pouvoir indiquer, dans la mise au net de ses opérations d'arpentage, la nature de chacune des parties dont il devra rendre compte.

1er DESSIN. *Terres labourées.*

On commence par tracer les divisions des diverses pièces de terre, comme nous l'avons fait par les lignes *a*; puis, dans chacune d'elles, on marque légèrement les sillons, soit par des lignes parallèles de points, comme *b*, ou des lignes pleines, comme *c*.

2e DESSIN. *Jardin potager.*

Dans ce terrain sont figurés : un puits ou bassin *a*, une allée principale *b*, desservant les sentiers *c*, lesquels partagent les plates-bandes, une melonnière avec ses châssis *d*, des semis de légumes *e* repiqués au plantoir,

Quand on a disposé toutes les plates-bandes dans la forme qu'elles ont reçue du jardinier, on trace sur chacune d'elles des lignes droites qui rendent compte de celles tracées au cordeau sur le terrain pour régulariser les travaux agricoles : c'est sur ces lignes droites et parallèles entre elles que se repiquent au plantoir les semis de deux en deux, ce qui donne le quinconce *f*.

3e DESSIN. *Plantation de vignes.*

Dans un espace de terrain planté de vignes, chaque cep s'exprime par une ligne perpendiculaire figurant l'échalas, et par une spirale imitant les branches qui tournent autour. La *fig*. 1 montre un cep développé sur une grande échelle, la *fig*. 2 le fait voir en plan, la diagonale *b* indique la direction de l'ombre portée, donnée par 45 degrés du rapporteur; la *fig*. 3 offre une plantation régulière de mêmes ceps, dessinés en plan et en élévation sur une échelle plus petite.

4e DESSIN. *Arbres.*

Notre but ayant été de faire comprendre comment on indique les arbres en plan et en élévation, nous ne nous sommes pas astreint à donner à chacun le caractère qui lui est propre. Comme à la figure précédente, la diagonale *g* indique la projection de l'ombre. Le dessin de ces arbres, réduit à cette petite proportion, consiste à indiquer premièrement les grandes masses, puis, du côté de l'ombre, à tracer quelques hachures. La réussite de ce genre de dessin dépendra du plus ou moins de goût avec lequel ces deux choses auront été exécutées.

5ᵉ DESSIN. *Marais ou terres marécageuses.*

Après avoir légèrement indiqué les masses *a* par un simple trait, on marque les herbes, les gazons *b*, et, par des lignes horizontales *c*, un peu fortes et un peu écartées les unes des autres, on indique les eaux stagnantes, en mettant ensuite d'autres lignes fines entre les premières.

6ᵉ DESSIN. *Bois.*

Pour donner un peu d'intérêt à ce dessin, nous avons supposé la forêt percée de quatre avenues *a*, plantées de deux rangées de grands arbres aboutissant à un rond-point *b*, au milieu duquel est un obélisque *c*.

Par les lignes ponctuées de notre dessin, on voit la méthode à suivre pour figurer avec la régularité nécessaire les plantations d'arbres qui bordent les avenues. Pour les parties boisées *d* on commence, comme toujours, par mettre au trait légèrement les masses *e* ; ensuite, par quelques hachures au crayon, ou à la plume taillée un peu grosse si l'on passe à l'encre, on indique les ombres.

Dans une partie du bois *f*, nous avons indiqué comment, par des hachures divergentes, se dessinent les petits monticules ou montagnes.

7ᵉ DESSIN. *Maison située entre cour et jardin.*

La cour *a* est plantée de deux parterres *b*, dans chacun desquels est un banc *c*, entouré d'arbustes ; à droite et à gauche de la maison, qui n'est indiquée qu'en masse, comme cela se fait dans ce genre de dessin, sont deux passages *f* conduisant au jardin *g*, lequel se compose de quatre gazons *h* entourés de plates-bandes *i* ; au milieu est une corbeille *j*.

Le tracé de ce plan de jardin n'offre aucune difficulté ; c'est toujours à l'aide de la perpendiculaire et de l'horizontale qu'on arrivera à donner à chaque partie sa place, sa forme et sa valeur. Quant au caractère topographique du terrain et de ce qui le couvre, les six dessins qui précèdent ont mis sur la voie de ce qui convient de faire pour le lui donner.

8ᵉ DESSIN. *Château et ses dépendances.*

L'objet de ce dessin est de montrer comment s'indiquent sur le papier les diverses parties d'une propriété composée de bâtimens et de dépendances territoriales ou agricoles.

L'exemple que nous offrons renferme un petit château *a*, indiqué par sa toiture; un jardin *b*, ayant deux avenues d'arbres *c*, l'une à gauche, l'autre à droite, et un bassin *d* au milieu. A droite de ce jardin est la cour *e* de la ferme; *f* est le logement du fermier; *g* la grange, *h* l'écurie, *i* le pigeonnier, *j* le puits, *k* l'abreuvoir, *l* le potager, *m* le verger. A gauche de l'habitation de maître est une prairie *n*, plantée de quelques arbres et séparée du château par une haie vive *o*; cette prairie est traversée par une petite rivière *p*; on y voit des prés et terres labourées *q*, un pont *r*, qui établit une communication entre les deux parties du terrain; *s* est la flèche indiquant le cours de l'eau.

Nota. Comme ces sortes de petites rivières sont ordinairement fort paisibles, on peut indiquer leurs eaux par des lignes horizontales; mais quand le courant est rapide, on les trace par des lignes longitudinales.

Avant de passer au 9ᵉ *dessin*, par lequel nous terminons ce cours abrégé de topographie, nous engageons fortement l'élève à bien se pénétrer de ceux qui précèdent, attendu que ce dernier résume en lui ce que les autres ont enseigné isolément.

9ᵉ DESSIN. *Plan d'un village traversé par une grande rue dans un sens et par une rivière dans l'autre.*

Les divers objets qui composent ce dessin sont : 1, grande rue; 2, rivière coulant sur un fond de sable *a*; 3, pont servant de communication aux deux rives; 4, rues diverses; 5, propriété particulière avec une plantation d'arbres; 6, église; 7, presbytère; 8, cimetière partagé par une allée d'arbres : à droite et à gauche sont de petites croix indi-

quant les tombes ; 9, mairie et corps-de-garde ; 10, propriété entre cour et jardin, ayant deux pavillons *b* donnant
sur la rue ; 11, maison de traiteur avec jardin et salle de
bal *c* ; 12, plantation de vignes ; 13, portion de terrain où
nous n'avons mis que les échalas pour faire comprendre
comment on les dispose ; 14, sentiers ; 15, bois ; 16, maisons et propriétés particulières.

Après les instructions données dans le cours de cet ouvrage, la seule recommandation que nous ayons à faire
maintenant pour dessiner ce village, est d'avoir attention
de mettre toutes les lignes secondaires d'équerre sur celles
qui naturellement, par leur position, doivent leur servir de
base : telles sont, par exemple, les deux lignes parallèles
qui forment la grande rue.

LEVÉE DES PLANS.

(Planche 23.)

PROBLÈME 1ᵉʳ.

*Lever le plan d'un terrain en employant l'équerre d'arpen-
teur.*

Solution. Supposons que le terrain proposé soit semblable
au polygone A B C D E F, *fig.* 1, *planches d'arpentage*; on
fera planter un jalon à chacun des sommets A, B, C, D, E et
F, et l'on mènera à travers ce polygone une droite quelconque
A C, que l'on fera passer, s'il est possible, par deux de ses
angles A et C ; puis on se portera aux différens points de la
droite A C en cherchant en quel point *b* il faut planter l'é-
querre pour que l'une des pinnules s'alignant selon A C, la
direction de l'autre passe par le point B. On cherchera de
même successivement en quels points de la droite A C il
faut planter l'équerre pour obtenir les pieds *f*, *e* et *d* des
perpendiculaires abaissées des sommets F, E et D, sur cette
ligne, et l'on fera planter un jalon à chacun des points *f*, *b*,
e et *d* ; l'on mesurera ensuite à la chaîne et horizontalement
les longueurs des segmens A *f*, *f b*, *b e*, *e d* et *d* C, ainsi que

celles des perpendiculaires fF, bB, eE et dD : on aura alors les données nécessaires pour construire le polygone et évaluer son aire.

Pour rapporter sur le papier le plan du terrain proposé, on déterminera sur une droite quelconque A'C', au moyen d'une échelle de dixmes, comme il a été indiqué dans le *problème* 24 de la géométrie plane, des longueurs A'f', f'b', b'c', c'd', d'C', qui représenteront les segmens mesurés de la ligne A C; puis on mènera en chacun des points f', b', c' et d' les perpendiculaires fF', b'B', e'E' et d'D', sur lesquelles on portera autant de divisions et de subdivisions de l'échelle, que les perpendiculaires correspondantes fF, bB, eE et dD contiennent d'unités linéaires et de parties de cette unité; la figure A'B'C'D'E'F', formée en joignant ces points par des droites, sera le plan demandé.

L'aire de ce terrain s'obtiendra très‑facilement au moyen des formules données à la fin de la géométrie plane, en calculant séparément les surfaces des triangles et des trapèzes dans lesquels il se trouve décomposé, et faisant la somme de ces surfaces.

$$
\text{Ainsi supposons que dans la } \textit{figure } 1^{re}
\begin{cases}
\text{A} f = 63,^{\text{m}}34 \\
f b = 18, 21 \\
b e = 38, 57 \\
e d = 55, 64 \\
d\,\text{C} = 87, 29
\end{cases}
\text{et que}
\begin{cases}
\text{F} f = 58, 32 \\
\text{B} b = 72, 54 \\
\text{E} e = 43, 98 \\
\text{D} d = 74, 96
\end{cases}
$$

$$
\text{On aura}
\begin{cases}
\text{A B C} = (63,34+18,21+38,57+55,64+87,29)\times\dfrac{72,54}{2} \\[1ex]
\qquad\qquad\qquad\qquad\qquad\qquad = 9540,^{\text{m}}8235 \\[2ex]
\text{A} f\text{F} = 63,34 \times \dfrac{58,32}{2} \qquad\qquad\quad = 1846, 9944 \\[2ex]
\text{F} f e\text{E} = (18,21+38,57)\times\dfrac{58,32+43,98}{2} = 2904, 2970 \\[2ex]
\text{E} e d\text{D} = 55,64 \times\dfrac{43,98+74,96}{2} \quad = 3308, 9108 \\[2ex]
\text{D} d\text{C} = 87,29 \times\dfrac{74,96}{2} \qquad\qquad\; = 3271, 6292 \\[1ex]
\hline
\qquad\qquad\qquad\qquad\qquad\qquad\qquad 20872, 6549
\end{cases}
$$

La somme 20872ᵐᶜ,6549 de ces surfaces partielles, sera par conséquent égale à l'aire demandée du terrain A B C D E F.

L'aire que nous venons de déterminer est, comme on le voit, exprimée en mètres carrés, pour l'énoncer au moyen de l'are, de ses
multiples, et de ses subdivisions; on observera que, un are valant
cent mètres carrés, et un hectare valant cent ares, en divisant le
nombre 20872,6549 par 100, le quotient exprimera le nombre d'ares
et de fractions d'ares contenu dans le terrain, et en divisant de
nouveau par 100, la surface se trouvera divisée en hectares.

Ces divisions s'effectuent très-simplement en reculant la virgule
de 2 ou 4 rangs vers la gauche; ainsi, dans notre exemple, l'aire du
polygone A B C D E F sera égale à 208,72654.... ares, ou 2,087265....
hectares; c'est-à-dire à 208 ares 72 centiares, 654..., ou à 2 hectares
08 ares 72 centiares, 65.....

Supposons maintenant que la figure du terrain A B C D E F
que l'on veut arpenter, *fig.* 2, ne soit pas terminée seulement
par des lignes droites; pour en lever le plan on rapportera
la position des différens sommets A, B, C, D, E et F à une
droite A C, menée par deux d'entre eux comme il a été
indiqué ci-dessus; ou bien, au lieu de déterminer tous ces
points par rapport à une même droite, ce qui n'est pas
toujours possible, on pourra quelquefois les déterminer les
uns par les autres, en cherchant leurs distances mutuelles,
ou en les rapportant à de nouvelles droites bien connues
de position. C'est ainsi qu'en supposant le point E rapporté à la droite A C au moyen des *coordonnées* A e, e E, on
obtiendra facilement la position du point F, en fixant ses distances F A et F E aux deux points A et E; le point F sera
encore complètement déterminé, si on connaît la longueur
de la perpendiculaire F f, abaissée du point F sur la droite
menée par les deux points A et E, et les deux segmens A f
et f E de cette droite A E; cela posé, pour déterminer les
limites courbes B E' D' C et E k'' D de la figure donnée,
on prolongera les perpendiculaires E e, D d, abaissées des
points E et D sur la droite A C, jusqu'à ce qu'elles rencontrent la courbe B E' D' C aux deux points E' et D', et l'on
mesurera sur ces perpendiculaires les longueurs E'e, D'd,
comprises entre ces points et la droite A C: la position des
deux points E' et D' se déduira ainsi de celle des deux premiers E et D; on divisera ensuite chacun des segmens b e,
e d et d C en un nombre quelconque de parties b g, g e, e h,
h i, i k. k l.... assez petites pour que les arcs B g', g' E',
E' h' et E h'', h' i' et h'' i'', i' k' et i'' k''...., compris entre

les perpendiculaires b B, $g\,g'$, E E', $h''h'$, $i''i'$, $k''k'$....., menées par les points de division sur la droite A C, puissent être considérées comme des lignes droites; les longueurs des parties $g\,g'$, $h\,h'$ et $h\,h''$, $i\,i'$ et $i\,i''$, $k\,k'$ et $k\,k''$.... de ces perpendiculaires, interceptées entre chacune des courbes et la droite A C, détermineront, avec les longueurs $b\,g$, $g\,e$, $e\,h$, $h\,i$, $i\,k$..... des segmens de cette droite, les deux limites B E'D' C et Ek''D demandées.

Au moyen de ces données, et en opérant comme il a été indiqué ci-dessus, on parviendra toujours à construire, sur le papier, le plan du terrain proposé.

Pour évaluer l'aire de ce terrain, on calculera séparément les surfaces de chacun des triangles et des trapèzes qui le composent, et l'on fera la somme de ces divers résultats.

L'aire E E'k'D'Dk'', terminée par les deux courbes E'k'D' et Ek''D et les perpendiculaires E E', D D' à la droite A C, s'obtiendra d'une manière très expéditive et avec une grande approximation, au moyen du procédé que nous allons indiquer.

Pour cela, on divisera la distance $e\,d$ des deux perpendiculaires E E' et D D' en un nombre pair de parties égales, et l'on élèvera par les points de division h, i, k, l et m de la droite $e\,d$, les perpendiculaires $h''h'$, $i''i'$, $k''k'$...., qui décomposeront la surface proposée en un nombre pair de trapèzes de même hauteur; la somme de ces trapèzes ou *l'aire demandée* E E'k'D'Dk'' *se trouvera en prenant la moitié de la somme des ordonnées extrêmes* E E' *et* D D', *plus, la somme de toutes les autres ordonnées* $k''h'$, $i''i'$, $k''k'$, $l''l'$ *et* $m''m'$; *plus enfin, celle de toutes les ordonnées* $h''h'$, $k''k'$ *et* $m''m'$ *de rangs pairs, et multipliant le tout par les deux tiers de la hauteur commune* $e\,h$.

Cette règle servira, en général, à calculer la surface d'une figure irrégulière quelconque, en la décomposant en d'autres que l'on évaluera séparément; le résultat que l'on obtiendra de cette manière approchera d'autant plus de l'aire demandée que la distance des parallèles sera plus petite.

Ainsi supposons que dans la *fig.* 2

$$Ab = 46,^{m}22$$
$$bg = ge = 17, 15$$
$$eh = hi = ik = \ldots md = 16, 25$$
$$dn = no = op = pC = 17, 43$$
$$Af = 67, 53$$
$$fE = 44, 73$$
$$Ff = 29, 87$$
$$Bb = 39, 85$$
$$g'g = 40, 20$$
$$n'n = 36, 39$$
$$o'o = 30, 11$$
$$p'p = 18, 07$$

et que

$$E'e = 41,17$$
$$E'E = 119,39$$
$$h'h = 42,11$$
$$h'h'' = 114,92$$
$$i'i = 43,25$$
$$i'i'' = 111,83$$
$$k'k = 44,31$$
$$k'k'' = 109,94$$
$$l'l = 43,29$$
$$l'l'' = 106,38$$
$$m'm = 41,17$$
$$m'm'' = 102,32$$
$$D'd = 39,28$$
$$D'D = 99,37$$

On aura

$$A\,B\,b = 46,22 \times \frac{39,85}{2} \ldots \ldots \ldots = 920, 9335$$

$$A\,E\,e = 80,52 \times \frac{78,22}{2} \ldots \ldots \ldots = 3149, 1372$$

$$A\,E\,F = 112,26 \times \frac{29,87}{2} \ldots \ldots \ldots = 1676, 6031$$

$$B\,b\,e\,E' = \tfrac{2}{3} \times 17,15 \times \left(\frac{39,85+41,17}{2} + 40,20 + 40,20\right)$$
$$= 1382, 4643$$

$$EE'l'D'Dh'' = \tfrac{2}{3} \times 16,25 \times \left(\frac{119,39+99,37}{2}\right.$$
$$+114,92+111,83+109,94+106,38+102,32$$
$$\left.+114,92+109,94+102,32\right) \ldots \ldots = 10637, 7917$$

$$D'd\,C = \tfrac{2}{3} \times 17,43 \times \left(\frac{39,28}{2} + 36,39, + 30,11\right.$$
$$\left.+18,07+36,39+18,07\right) \ldots \ldots \ldots = 1820, 5054$$

$$\overline{ 19587, 3752}$$

L'aire demandée sera par conséquent égale à $19587,^{mc}3752$ ou (en partageant ce nombre en tranches de 2 chiffres en allant vers la gauche) à 1 hectare 95 ares 87 centiares 3752.

PROBLÈME 2.

Lever le plan d'un terrain en employant le graphomètre.

Solution. Soit A, B, F, G et H, *fig.* 3, différens points remarquables du terrain dont on veut lever le plan; on mesurera très-exactement la longueur d'une *base* horizontale A B, que l'on supposera tracée sur le terrain entre deux points bien déterminés, ces deux points devront être choisis de telle sorte que de chacun d'eux on puisse voir le plus grand nombre possible de points F, G, H..... que l'on veut lever, et que les angles formés par les intersections des rayons visuels, menés des points de station A et B aux points F, G, H....., ne soient ni trop aigus ni trop obtus.

Cela posé, on établira le graphomètre bien horizontalement à l'extrémité A de la base A B, et après avoir disposé le diamètre qui le termine dans la direction de cette base, de manière que le centre et le point A soient situés sur une même verticale, on mesurera les angles F A B, G A B....., formés par cette droite A B avec les rayons visuels menés du point A aux autres points F, G.....; on transportera ensuite l'instrument à l'autre extrémité B, et l'on mesurera de même les angles F B A, G B A..... formés avec la base par les rayons visuels menés du point B aux points proposés; puis on fera à vue le croquis du terrain sur lequel on indiquera les objets A, B, F, G..... dans leurs positions relatives, et l'on cotera avec soin les angles proposés au fur et à mesure des observations.

Pour déterminer sur le plan la position d'un objet H qui ne peut être vu des deux stations A et B, on prendra pour nouvelle base la distance F G comprise entre les deux points F et G d'où cet objet peut être aperçu, et l'on mesurera les angles H F G et H G F formés par les droites H F et H G avec la droite F G. Ces angles détermineront avec la droite F G, déduite des observations précédentes, la position cherchée du point F.

On déterminera de la même manière les distances respectives des objets inaccessibles C, D et E; pour cela, on visera du point A à chacun de ces objets, et l'on mesurera avec soin les angles C A B, D A B et E A B, formés par les droites A C, A D et A E avec la base A B; on se transportera ensuite au point B, et l'on mesurera les angles C B A, D B A et E B A formés par les droites C B, D B et E B avec la base, ces différens angles suffiront, avec la base A B, pour déterminer les positions relatives des points C, D et E les uns à l'égard des autres et à l'égard des premières A, B,

F, G et H déjà obtenus, ainsi que leurs distances mutuelles.

Maintenant, pour rapporter sur le papier les points observés, on tirera une droite quelconque ab, sur laquelle on portera autant de divisions et de subdivisions de l'échelle que la base A B contient d'unités métriques et de parties de cette unité; puis on fera au point a et sur cette droite ab, à l'aide du rapporteur, des angles cab, dab, eab, fab et gab respectivement égaux à ceux que l'on a observés en A, on construira de même sur ab et à l'autre extrémité b des angles cba, dba, eba, fba et gba égaux à ceux observés en B; les intersections c, d, e, f et g des côtés de ces angles représenteront les positions rapportées des points C, D, E, F et G. Pour obtenir celle du point H, qui n'a pu être observé des points A et B, on tirera la droite fg par les deux points f et g, et l'on construira sur cette droite et en chacun des points f et g, les angles hfg, hgf respectivement égaux aux angles H F G et H G F formés par les droites FH et GH avec la droite F G : le point de rencontre h des côtés fh et gh de ces angles sera le point demandé.

La *méthode d'intersection* que nous venons d'exposer, détermine, avec une très-grande promptitude, les positions quelquefois inaccessibles des points principaux du terrain que l'on veut lever; mais comme les angles qui forment les rayons visuels en se coupant sont quelquefois ou trop aigus ou trop obtus, le tracé qui en résulte est souvent défectueux; aussi préfère-t-on, lorsque cela est possible, employer la *méthode de cheminement*, qui consiste à réunir les points proposés par des droites, de manière à former un polygone dont on mesure successivement chacun des angles et chacun des côtés. Dans ce cas, comme dans le précédent, on trouvera les distances qui n'ont pas été mesurées au moyen d'un calcul simple, mais qui n'entre pas dans notre sujet, ou, en prenant à l'échelle sur le plan, avec une grande exactitude, les longueurs des droites menées suivant les conditions imposées.

Pour obtenir l'aire d'un terrain levé au moyen du graphomètre, on le décomposera en triangles, trapèzes....., dont on calculera les surfaces en se servant des formules connues.

PROBLÈME 3.

Lever le plan d'un terrain en employant la planchette.

Solution. Il y a trois manières différentes de se servir de la planchette qui s'emploient isolément ou conjointement, suivant les cas qui peuvent se présenter. La *première* est la *méthode d'intersection*, déjà exposée dans le problème précédent. Pour l'appliquer au terrain de la *fig.* 4, on mesurera très-exactement à la chaîne une base A B, et l'on tracera sur le papier une droite *a b*, que l'on fera égale à autant de parties de l'échelle que la base contient de fois l'unité métrique. Cela fait, on établira la planchette bien horizontalement à l'une A des extrémités de la base, de sorte que les deux points A et *a* étant situés sur une même verticale, les droites A B et *a b* soient dans la même direction, et l'on dirigera l'alidade successivement vers les points C, D, E, F, G et H, en ayant l'attention de tirer une ligne au crayon le long de l'alidade dans chacune de ses directions, avec l'indication de l'objet auquel elle aboutit; on établira ensuite la planchette à l'autre extrémité B, avec les mêmes précautions, et l'on visera de même avec l'alidade aux mêmes points C, D, E, F, G et H : les droites menées dans chacune de ces nouvelles directions détermineront, par leur rencontre avec les premières, les positions rapportées *a*, *c*, *d*, *e*, *b*, *f*, *g* et *h* des objets observés.

La *deuxième* est la *méthode de cheminement* dont on a déjà parlé à la fin du problème précédent; cette méthode, plus longue que celle d'intersection, est aussi plus exacte. Pour lever le plan du terrain A B C D E, *fig.* 5, par son moyen, on établira la planchette horizontalement au point A, et l'on marquera sur le papier le point correspondant *a*; on visera de ce point *a* la station E avec l'alidade, et l'on tracera sur le papier une droite indéfinie *a b* qui sera dans la direction de A B; on mesurera la distance A B, et l'on portera de *a* en *b* sur la droite *a b*, autant de parties de l'échelle que la distance A E contient d'unités métriques ; on transportera la planchette au point B, et on l'établira horizontalement en plaçant le point *b* au dessus de B, et la droite *a b* dans la direction de A B; on fixera la planchette dans cette position, et l'on fera tourner l'alidade autour du point *b* jusqu'à ce qu'elle soit dans la direction B C, puis on mènera la droite indéfinie *b c* sur laquelle on portera de *b* en *c*, en parties de l'échelle, la longueur du côté B C; on transportera ensuite la planchette au point C, et l'on opérera de la même manière pour déterminer le côté *c d* correspondant à C D.....; en faisant ainsi le tour entier du polygone A B C D E, on en obtiendra successivement tous les angles et tous les côtés.

Le tracé se vérifie en observant que le polygone doit se fermer exactement, c'est-à-dire que le dernier côté *e a* doit se terminer précisément au point de départ *a*.

Enfin pour appliquer la *troisième* méthode, on établira la planchette horizontalement en un point O, *fig.* 6, du terrain A B C D E F que l'on veut lever, tel que l'on puisse apercevoir de là tous les points remarquables; on fera ensuite tourner l'alidade autour d'une aiguille fichée au point correspondant de la planchette, en la dirigeant successivement vers chacun des signaux A, B, C, D, E et F, et l'on tracera au crayon sur le papier, le long de la règle, les droites O *a*, O *b*, O *c*, O *d*, O *e* et O *f*, qui seront les projections des rayons visuels menés du point O à chacun des angles A, B, C, D, E et F; puis on mesurera à la chaîne, sur le terrain, les longueurs O A, O B, O C, O D, O E et O F de ces droites, et l'on portera ces distances en parties de l'échelle sur leurs projections respectives, de O et *a*, de O en *b*, de O en *c*....., ce qui terminera les points *a*, *b*, *c*, *d*, *e* et *f*, homologues de A, B, C, D, E et F, et le polygone *a b c d e f* semblable au terrain proposé.

Le *déclinatoire*, dont l'emploi simplifie beaucoup l'orientation de la planchette, est composé d'une boîte rectangulaire renfermant une boussole dont les plus grandes excursions de l'aiguille sont d'environ 40 degrés. Après avoir orienté la planchette à la première station avec les précautions d'usage, on posera le déclinatoire sur la planchette, et on le déplacera en le tournant jusqu'à ce que l'aiguille devienne parallèle au bord de l'instrument, ou coïncide avec la ligne de foi; dans cette position, on tirera une droite au crayon le long de la boîte; on transportera ensuite la planchette à la station suivante; on placera le déclinatoire le long de cette droite, et on fera tourner la planchette jusqu'aussi que l'aiguille revienne se placer sur la ligne de foi ; par cette opération, la planchette se trouvera de suite dans la situation qu'elle aurait prise par un pointé sur la station précédente.

Pour calculer l'aire du terrain proposé, on décomposera sa surface en triangles, trapèzes, etc....., que l'on évaluera séparément, et l'on fera la somme de ces différens résultats.

PROBLÈME 4.

Lever le plan d'un terrain en employant la boussole.

Solution. Soit A C D B E, *fig.* 7, le terrain dont il s'agit ; on mesurera une base A B que l'on fera passer, autant qu'il sera possible, par deux de ses angles ; on se transportera à l'une A de ses extrémités, et l'on visera de ce point successivement aux autres angles C, D, B et E, en observant chaque fois à quelle division du limbe se trouve l'extrémité bleue de l'aiguille ; les nombres correspondans exprimeront en degrés les valeurs des angles formés avec la direction constante de l'aiguille (ou le méridien magnétique) par les droites menées du point A aux autres points C, D, B et E ; on se transportera ensuite à l'autre extrémité B, et l'on déterminera de la même manière les angles DBN, CBN, ABN et EBS, formés par les droites BD, BC, BA et BE avec la direction du méridien magnétique. Avec ces données, il sera facile de construire le plan proposé, au moyen de l'échelle et du rapporteur, en s'aidant de ce qui a été dit précédemment.

On pourrait se servir, au lieu de la méthode d'intersection que nous venons d'employer, de la méthode de cheminement, déjà exposée dans les deux problèmes précédens. Ainsi, pour lever le cours d'une rivière A B C D E F, *fig.* 8, on placera un jalon à chacun des coudes ou angles qu'elle présente ; après quoi, on se transportera à l'un des angles A et l'on visera au point B ; on notera l'indication de la boussole ou l'angle de la droite AB, avec la direction NS de l'aiguille, et l'on mesurera la droite AB ; on se transportera ensuite en B, et l'on visera au point C ; on notera l'indication de la boussole et l'on mesurera la droite BC ; puis, on se transportera successivement aux autres points

C, D, E....., et l'on visera de même aux points suivans ; on notera comme ci-dessus les angles formés par les droites C D, D E, E F..... avec le méridien magnétique, et l'on mesurera les longueurs C D, D E, E F..... de ces droites. Cela fait, il ne restera plus qu'à construire sur le papier avec ces données le plan du terrain au moyen de l'échelle et du rapporteur.

Pour cela, on mènera une droite quelconque ns pour représenter la direction N S de l'aiguille aimantée ou le méridien magnétique ; puis en un point a de cette ligne on fera, à l'aide du rapporteur, l'angle nab égal au premier N A B observé, et l'on portera de a en b, autant de divisions de l'échelle que la droite A B contient d'unités métriques ; par le point b, on mènera bn' parallèle à an ; cette droite bn' représentera sur le papier la direction B N' de l'aiguille au point B ; on fera l'angle $n'bc$ égal à l'angle observé N'B C, et l'on portera sur bc autant de parties de l'échelle que l'on a trouvé d'unités métriques dans B C ; on continuera de même pour les autres points c, d, e....., et l'on tracera à la main les sinuosités intermédiaires telles qu'on les aura jugées à la vue.

Ce que nous venons de dire pour les détours d'une rivière s'applique également aux détours d'un chemin, à l'enceinte d'un bois, au contour d'un marais....., etc.

L'exposé que nous venons de faire de la construction et de l'usage des instrumens le plus souvent employés dans l'arpentage, suffira pour faire comprendre de quelle utilité ils sont dans la pratique de la levée des plans, et quels sont les avantages et les inconvéniens qui peuvent résulter de leur emploi.

La levée des plans à l'équerre d'arpenteur, est une opération si simple, que cet instrument est d'un usage presque continuel, et cela avec d'autant plus de raison, que l'on obtient de suite l'étendue superficielle du terrain, en calculant à part les surfaces des triangles et des trapèzes dans lesquels il se trouve décomposé, et dont on connaît les bases et les hauteurs. Malgré cela, les difficultés résultant des accidens du terrain, des obstacles qui peuvent gêner la vue, et de l'impossibilité de mesurer les distances horizontalement, jointes à la lenteur des opérations, rendent souvent nécessaire l'emploi d'autres instrumens.

La levée au graphomètre, très-exacte, mais un peu plus composée que la précédente, est celle que l'on devra préférer dans les grandes opérations ; les résultats que l'on obtiendra par son moyen seront d'autant plus exacts, que l'on aura apporté plus de soins dans l'évaluation des angles, et dans la mesure des bases.

La levée à la planchette, quoique moins précise que celle au graphomètre, est néanmoins si commode, qu'elle sera toujours usitée toutes les fois qu'une très-grande exactitude ne sera pas de rigueur ; la facilité avec laquelle on peut la vérifier presque à chaque station, et surtout la promptitude de sa marche, seront de très-grands avantages, lorsqu'il s'agira de déterminer, sur le plan, les positions d'un très-grand nombre de points.

Enfin, la levée à la boussole, très-expéditive et très-facile dans les terrains embarrassés, pourra être employée toutes les fois qu'il s'agira de détailler sur le plan des objets de peu d'importance ; mais le peu d'exactitude de ses déterminations devra la faire rejeter, lorsqu'il s'agira d'assigner, avec précision, les positions des points principaux.

Dans la pratique de l'arpentage, il se présente une question relative à la manière de mesurer les terrains inclinés : il s'agit de savoir si, dans la mesure d'un terrain de cette espèce, on doit prendre sa superficie réelle ou celle de sa superficie horizontale. Pour fixer ses idées sur cette question, il suffira d'observer que les plantes ne croissent pas perpendiculairement à la surface du terrain incliné, mais verticalement ; que les constructions s'élèvent verticalement sur ces terrains comme sur ceux horizontaux ; et que, par conséquent, l'étendue de ces constructions, le nombre de ces plantes, l'espace de terre qu'il faut pour la croissance et le développement des racines, et la masse d'air nécessaire à la végétation, réduisent l'aire ou l'étendue inclinée du terrain, à celle de sa base horizontale ou de sa projection ; c'est donc à la mesure de cette projection que la question se trouve ramenée. La méthode au moyen de laquelle on obtient cette mesure, se nomme méthode de *cultellation*, pour la distinguer de la méthode de *développement*, qui donne la surface réelle.

Lorsque le terrain à arpenter sera composé de plusieurs parties distinctes, on calculera séparément les aires de chacune d'elles, ainsi que celle totale du terrain, et l'on examinera si la somme des aires partielles est égale à l'aire totale. On admet qu'une différence de $\frac{1}{300}$ en plus ou en moins, n'est pas une erreur assez grave pour nécessiter une nouvelle opération.

La division des héritages suivant des conditions données, la transformation des terrains en d'autres de même surface..... sont des questions d'arpentage dont la solution n'est pas toujours facile. Les différentes méthodes graphiques exposées dans les problèmes 46, 47, 48, 49, 50, 51, 52, 53, 54 et 55 de la géométrie plane, suffiront pour donner une idée de cette sorte de problème et de leur genre de difficulté.

En général, pour résoudre ces questions par approximation, on évaluera l'aire totale par les méthodes connues, et l'on divisera le résultat en parties qui soient entre elles dans les rapports assignés ; puis, on tracera sur le plan les lignes de séparation présumées, et l'on mesurera les aires qu'elles comprennent ; la comparaison de ces aires avec celles calculées ci-dessus, fera connaître les corrections qu'il faudra leur faire subir ; on déplacera les lignes de séparation en conséquence ; on évaluera ensuite les aires partielles, et l'on comparera ces résultats modifiés à ceux que l'on doit obtenir ; on connaîtra ainsi l'importance des corrections qui résultent de ce troisième tracé ; on déplacera de nouveau ces dernières lignes de manière à diminuer la différence ; on calculera les aires, et l'on continuera ces essais, jusqu'à ce que la différence soit jugée assez petite pour pouvoir être négligée.

NIVELLEMENT.

Quelquefois il est nécessaire de connaître très-exactement les différens accidens de la surface d'un terrain, et de pouvoir assigner à chaque instant, sur le plan, les hauteurs relatives des points remarquables de cette surface ; cette connaissance est surtout indispensable lorsqu'il s'agit de conduire les eaux d'un lieu à un autre ; de calculer d'avance les déblais et remblais à faire pour applanir une route..... Les opérations au moyen desquelles on mesure ces différences de hauteur, constituent ce qu'on appelle le *nivellement.*

Les instrumens en usage pour le nivellement sont : 1° Le *niveau*, dont la construction diffère suivant l'usage auquel on le destine, et le degré de précision que l'on veut obtenir. Il y a trois sortes de niveaux : celui de *maçon*, *fig.* 7, ou à fil à plomb, le *niveau d'eau*, *fig.* 8, et celui à *bulle d'air*, *fig.* 9. Les deux derniers sont les seuls employés pour les nivellemens un peu importans.

Le *niveau d'eau*, *fig.* 8, est composé d'un tube en fer-blanc ou en cuivre d'environ 1^m de longueur, coudé à ses deux extrémités, et terminé par deux fioles en verre. Cet instrument, monté sur un pied à trois branches, sur lequel il peut tourner horizontalement dans tous les sens au moyen d'une douille, est d'un usage très-facile : pour le mettre en état on le placera sur son pied, et l'on remplira le tube d'eau jusqu'à ce qu'elle apparaisse dans les fioles environ au milieu de leur hauteur. En tournant l'instrument sur son axe, les surfaces liquides seront toujours comprises dans un même plan horizontal.

Le *niveau à bulle d'air*, *fig.* 9, beaucoup plus précis que le précédent, est composé d'un tube en verre rempli presque entièrement d'eau colorée, et renfermé dans un cylindre creux en cuivre, ouvert dans le milieu de sa longueur ; ce tube est disposé sur un plan, ou patin, parallèlement à son axe : lorsque l'instrument est placé horizontalement, la bulle d'air se trouve toujours comprise entre les deux mêmes points de repère ; le patin, porté sur un pied à genou, est muni à ses deux bouts de pinnules, et peut prendre une position exactement horizontale, au moyen d'une vis de rappel placée à l'une de ses extrémités.

On a beaucoup perfectionné le niveau à bulle d'air en y adaptant une lunette armée d'un réticule à fil ; cette lunette, dont l'axe est parallèle à celui du niveau, étend beaucoup la portée de la vue, et devra toujours être employée lorsqu'il s'agira d'obtenir une grande exactitude.

2° La *mire*, *fig.* 10, qui sert à mesurer la distance des points du terrain au plan horizontal déterminé par le niveau, est composée d'une règle de 2^m de longueur, divisée métriquement, et d'un voyant fixé au bout d'une autre règle aussi divisée, mais plus étroite, qui glisse avec facilité dans une rainure longitudinale pratiquée sur la première ; par cette disposition, on peut élever le voyant au dessus de l'extrémité de la première règle, et en doubler ainsi la longueur ; on lira sur la réglette les distances aux lignes de visées, pour des stations situées à plus de 2^m au dessous du niveau : pour mesurer les hauteurs moindres que 2 mètres, on renversera la mire, et l'on élèvera le voyant jusqu'à ce que son axe se trouve dans la ligne de visée du niveau, et on lira l'élévation sur l'échelle graduée que porte la règle.

Ainsi, si on place successivement la mire à deux points différens A et B du terrain, *fig.* 9, en élevant dans chaque cas le voyant à la hauteur de la droite de visée *ab* du niveau, la différence des élévations A*a* et B*b*, ou *b'*A du voyant au dessus du sol, exprimera la différence de niveau des deux points proposés A et B.

L'opération qui donne ainsi les différences de hauteur par une seule station du niveau, constitue ce qu'on appelle le *nivellement simple.*

Le *nivellement composé* est usité toutes les fois que la méthode précédente ne peut être appliquée : il consiste à déduire de plusieurs nivellemens successifs, la différence de niveau demandée.

Supposons, par exemple, que les deux points A et F, *fig.* 10, soient trop éloignés l'un de l'autre, ou que l'un, F, soit trop élevé au dessus de l'autre, A, pour qu'on puisse obtenir leur différence de niveau par une seule station ; ou enfin que l'on soit obligé de faire des circuits pour éviter certains obstacles. On divisera le chemin que l'on doit parcourir en parties A B, B C, C D, D E et E F, que l'on nivellera séparément ; ainsi on transportera le niveau entre les deux points A et B, et on le dirigera vers le point de départ A, puis on mesurera, au moyen de la mire, la distance A a comprise entre ce point et la ligne de niveau $a\,b$; on visera de même vers le deuxième point B, et l'on mesurera la distance B b comprise entre ce point et la droite de visée $a\,b$; la première opération se désigne par le nom de *coup d'arrière*, et la deuxième par celui de *coup d'avant*.

On se transportera de la même manière entre les autres points B, C, D, E et F, et l'on donnera à chacune de ces stations deux coups de niveau, l'un en arrière, l'autre en avant ; cela fait, on obtiendra la somme de toutes les hauteurs données par les coups d'arrière ; on fera de même la somme des hauteurs données par les coups d'avant; l'excès de l'une de ces sommes sur l'autre, exprimera la différence de niveau des deux points extrêmes A et F.

Dans le cas représenté *fig.* 10, on aura :

Coups d'arrière.	Coups d'avant.
A a = 1,^{m}692	B b = 2, 274
B b' = 1, 475	C c = 2, 715
C c' = 2, 031	D d = 1, 413
D d' = 3, 126	E e = 0, 492
E e' = 3, 392	F f = 0, 502
Somme des coups d'arrière = 11, 716	Somme des coups d'avant = 7, 396

$$11, 716$$
$$-\ 7, 396$$

Différence de niveau = 4, 320

Le point F sera par conséquent situé à 4,^{m}32 au dessus du point A, car il est important de remarquer que le point qui a la plus grande cote est toujours le plus bas.

LAVIS DES PLANS.

(Planche 24.)

———

Comme complément du traité d'arpentage, nous donnons ici le tableau des teintes conventionnelles généralement nsitées pour la désignation des diverses natures de terrains et des objets qui s'y rencontrent.

Les couleurs employées à cet usage sont :

1° L'encre de Chine, dont on s'est déjà servi pour passer le dessin à l'encre ;

2° Le rouge ou vermillon ;

3° Le bleu de Prusse ou l'indigo ;

4° Le jaune ou gomme-gutte ;

5° Le bistre ou la sépia.

La plupart de ces couleurs étant en pains, et devant être délayées en proportion du besoin, on se munira à cet effet de plusieurs godets, d'un verre d'eau bien limpide et d'un ou deux pinceaux d'une moyenne grosseur. Du mélange de ces diverses couleurs résulte des teintes variées, dont nous allons indiquer les principales, en nous servant pour cela de la *planche* 22.

Avant de procéder au lavis d'un dessin exécuté sur une feuille volante, on devra le fixer sur une planchette comme il a été enseigné *pl.* 11, *fig.* 2.

1er DESSIN. *Terres labourées.*

Elles se teintent très-légèrement d'un mélange de gomme gutte et d'encre de la Chine, dans lequel on introduit une pointe de carmin.

2e DESSIN. *Jardin potager.*

Les différens verts se composent de gomme gutte et de bleu. Suivant que l'on veut avoir un vert plus ou moins foncé, on prend plus ou moins de bleu ; la gomme-gutte l'éclaircira. Les allées se teintent très-légèrement d'encre de Chine et de gomme-gutte.

3e DESSIN. *Plantation de vignes.*

Les *fig.* 1 et 2 sont d'un vert un peu foncé. Quelques feuilles réservées d'un ton rougeâtre sont un composé de carmin et d'encre de Chine : on pourra varier ces tons en prenant un peu plus de l'une ou de l'autre couleur. La *fig.* 3 représente un terrain vignoble; sa teinte se compose de bleu et de vermillon : un peu d'encre de Chine atténuerait le ton s'il était trop violet.

4e DESSIN. *Arbres.*

La *fig.* 1 est d'un vert très-foncé, composé de gomme-gutte et de bleu, qui devra dominer; pour la *fig.* 2, d'un vert plus clair, on fera dominer la gomme-gutte; pour les troncs d'arbres, on emploie un peu de bistre ou de sépia.

5e DESSIN. *Marais ou terres marécageuses.*

Vert peu foncé pour les parties des terres non submergées; teinte légère de bleu pour les eaux stagnantes; il faut revenir sur les bords des terres non noyées avec un vert un peu plus foncé : cette opération ne doit se faire qu'après avoir laissé bien sécher les premières teintes, autrement elles se mêleraient et ne produiraient pas l'effet qu'on se serait proposé.

6e DESSIN. *Bois.*

On commencera par teinter toutes les allées avec un mélange de gomme-gutte et d'encre de la Chine : la gomme-gutte devra dominer. On variera les verts des parties boisées; les terrains restant entre les masses d'arbres devront être de la même teinte que les terres labourées, et un peu plus foncées dans certains endroits que dans d'autres; pour cela on fera dominer l'encre de Chine. L'obélisque sera d'un carmin presque pur. La partie *f*, indiquant une montagne, se teintera d'un rouge brun composé de vermillon et d'encre de Chine.

7ᵉ, 8ᵉ et 9ᵉ DESSINS.

Les teintes employées pour laver ces dessins sont les mêmes que celles que nous venons d'indiquer pour chaque objet en particulier, et se composent de la même manière. Les fleurs des plates-bandes qui entourent les gazons du jardin (7ᵉ *dessin*) s'indiqueront par des points rouge, bleu, jaune, violet (cette dernière couleur se compose de rouge et de bleu), mis avec légèreté. Dans ces trois derniers dessins, les maisons d'habitation ont été teintées de carmin pur qui, en raison de la teinte noire de la gravure qui se trouve dessous (voir *pl.* 22, 7ᵉ *dessin*, lettre *d*), lui font perdre de son brillant, ce qui n'arrivera pas dans le dessin qu'aura fait l'élève, puisqu'il n'aura pas de teinte noire. Les maisons particulières qui sont teintées de bleu et d'un peu d'encre de Chine indiquent qu'elles sont couvertes en ardoises. La grande rue du village, ainsi que les petites, seront teintées d'un ton un peu au dessous de celui des terres labourées.

FIN.

TABLE DES MATIÈRES

CONTENUES DANS CE VOLUME.

DESSIN LINÉAIRE. — PARTIE GRAPHIQUE.

ERRATA.

Page 8, ligne 13, après centre, *ajoutez :* et avec des rayons égaux.

FIN DE LA TABLE.

www.ingramcontent.com/pod-product-compliance
Lightning Source LLC
Chambersburg PA
CBHW051245050726
47594CB00001B/316